MARKETING STRATEGY

從定位、定價到行銷，全方位
提升產品競爭力與市場占有率

尹傑 著

從無到有 打造
熱銷商品

掌握產品設計的黃金法則

跳脫傳統思維，避開思考陷阱
從創意發想到實踐，打造令人驚豔的產品

運用頂尖行銷策略，成為市場焦點
提升開發效率，占據領先優勢
深入研究消費者需求，挖掘潛在機會

目 錄

序言

引言

第一章　熱門商品理念篇

打造熱門商品的思想　　　　　　　　　　　　　011

認識熱門商品　　　　　　　　　　　　　　　　014

熱門商品的來源　　　　　　　　　　　　　　　021

第二章　使用者痛點與需求洞察

使用者定量研究實戰方法　　　　　　　　　　　027

使用者定性研究實戰方法　　　　　　　　　　　033

真實場景洞察法挖掘使用者需求　　　　　　　　046

市場機會分析模型　　　　　　　　　　　　　　049

第三章　整體產品設計與熱門商品創新

商品開發的五種思維　　　　　　　　　　　　　055

商品開發的四大原則　　　　　　　　　　　　　064

商品成功的三個根基　　　　　　　　　　　　　068

商品成功的八大影響要素　　　　　　　　　　　072

商品開發語言與流程　　　　　　　　　　　　　076

目錄

整體設計九位模型	083
商品魅力化設計	133
產品力測試與顧客滿意度管理	143
商品45度精進方法	152
商品創新七大管道	155
十大創新方法	163
創新機會的有效性論證	177
避開熱門商品開發的九個陷阱	183
提升商品成功率的九種方法	194

第四章　行銷策略

定位策略	199
產品組合策略	200
定價策略	202
通路策略	206
推廣策略	211
組織管理才是熱門商品成功保障	229

附錄一：商品開發立案報告

附錄二：商品開發管理專案書

附錄三：商品上市策略

致謝

序言

在多年從事企業管理和管理諮商工作發現產品是企業經營的基礎，一款明星產品能夠推動企業策略更新、驅動企業的持續盈利，甚至推動產業更新。但是很多企業苦於缺乏科學、系統性的熱門商品打造方法，導致企業新品失敗率居高不下，尤其中小企業做產品更是老闆拍腦袋、研發拍胸脯，業務拍屁股的模式。近20年的企業實踐和管理諮商中接觸過各類大中型企業也都因為缺乏熱門商品而陷入經營困局，失去業績增長的動力。

鑒於企業的實際困境和本人十多年的產品管理經驗和產品領域的學術研究，歷經五年的深度思考，決定寫一本具有實作性的熱門商品打造方法論書籍。按照從0到10的邏輯，總結一套人人學得會，人人用得上的熱門商品打造方法論，透過希望人人都能成為產品經理，以此破解企業的熱門商品創新困境。

內容涵蓋了道、法、術、器。既要確保有原創理論高度，又要做到策略方法能夠擲地有聲，關鍵策略方法都單獨把操作的策略要點、成立條件做清晰的詮釋說明，把核心思想觀點都會用黑體或加粗字型的方式來提醒讀者，提升讀者的閱讀效率。

書中涉及的很多原創理論都是源自本人在企業做專業經理人和管理諮商實踐過程中總結出來的方法，都是經過實踐檢驗，被證明有效的理論才寫進本書中，書中涉及的很多案例也是本人做企業管理和管理諮商的實作案例，能夠保證案例剖析的有血有肉，又讓讀者對案例更有質感，從案例中獲得啟發。

序言

引言

為什麼企業賺錢越來越難？

　　過去我做管理諮商過程中經常會被企業家朋友們問到一個問題，為什麼現在做企業賺錢越來越難，過去好像比較輕鬆，每當我被問及這個話題時，我都會反向問他們，你們做企業那麼多年是否思考過這個問題？他們給我的答案是沒有認真思考過。其實現在賺錢的因素不單單是市場環境發生了變化，更重要的是供需結構發生了變化，過去是產品稀缺時代，亞洲有 40 幾億人的人口紅利，市場存量空間很大，只要有產品就能賣掉，隨著經濟的快速發展，各個產業均出現不同程度的產能過剩，人口紅利慢慢消失，流量變得越來越貴，企業經營就慢慢陷入經營的死循環。

價格戰

　　很多企業就成了價格屠夫，動不動就打價格戰，好像除了價格戰就沒有別的行銷招數。價格戰最終把企業送上一條不歸路；依賴價格戰的結果就是打死對手、坑死客戶、虧死自己。如果企業靠低價能夠讓企業在競爭中勝出，是不是低階汽車早就把賓士給幹掉了。從現實來看價格戰並不能幫助企業走出困境。產品不好賣，一定不是降價，而是「更新賣貴」，更新是指產品更新，把產品品質做的更好，提升等級，然後把價格拉高，高價企業才有足夠的利潤來支撐做出更好的產品和服務。未來進入消費更新時代的到來，產品更新賣貴是大趨勢。只產品價值更新，才可能有價格賣貴。

引言

促銷戰

當下市場競爭越來越激烈，很多企業養成了促銷依賴症，動不動就做促銷，好像不做促銷就對不起顧客，最後讓顧客養成了促銷購買習慣，不促不銷。有些做零售的企業更滑稽，每月都有一個固定的促銷日，明擺是告訴顧客，平時不要過來買商品，就等促銷日那天來買，所以平時店裡幾乎沒人，促銷那天人就爆滿，促銷結束一盤點，賺的利潤九牛一毛，也就是忙養了九頭牛，最後只賺了一根牛毛的利潤，基本等於做白工。

賒銷戰

我在諮商中發現很多企業做生意就靠賒銷來拉攏客戶，忙了一年賺了一堆借據，要帳時才發現欠錢的是大爺，尤其農業基本上都是靠賒銷做生意，等老百姓賣了農產品才給錢，其實賒銷是企業不自信的表現。當大家都在為賒銷頭痛時，你看看知名企業的財務報表，哪裡有賒銷的概念，反而帳面上有大量的應付帳款。這就是一些大企業做生意，人家值得驕傲的地方。我原來幫一家家電品牌做研究，發現家電這個產業競爭真的很激烈，產業集中度非常高，但是家電的老大不但沒有賒銷，還要收預付款。

服務戰

有些企業服務意識很高，自己陷入服務成癮的惡性循環，甚至無底線的提供服務，還打著冠冕堂皇的口號：讓客戶100%的滿意。服務成癮只能說明一個問題，自己產品力不行，想透過服務來彌補產品缺陷。就像曾經某著名家電企業提出五星級服務，他為什麼提出五星級服務，還不是因為那個時候自己的技術不行，產品太爛，只能靠服務來補償客戶，那個五星級服務是不得已而為之，現在技術上來了、產品品質提高

了,他口號就改成了科技創新。

要想擺脫企業經營的死循環,提升營利能力,避開價格戰、促銷戰、賒銷戰的路徑,就是要走熱門商品這條路,任何時代的商業文明不管如何發達,產品都是企業經營的基礎,產品不做好,一切都空談,就像我經常說的,產品不對,行銷白費,行銷是產品變現的放大器,產品力不行,行銷模式就立不住,反而行銷模式效率越高,就會無限放大產品缺陷。以熱門商品為槓桿來撬動整個行銷價值鏈才是企業王道。

為什麼要做熱門商品?

很多企業做不出熱門商品,有時候不是因為他缺乏做熱門商品的能力,關鍵是他沒有這個熱門商品意識,在過去傳統的經營思維中,一種在追求多多益善,追求產品大而全。在過去的產品經營思路就是產品多,就可以占領終端排面,產品越多,終端陳列越豐富,顧客可見度就會高的經營思維,所以很多企業主沒有做熱門商品的思維,沒有看到做熱門商品的價值。我們就拿微軟來說吧,早期就是做作業系統起家的,早期就靠一個作業系統起家造就了微軟帝國,據說曾在一次世界電腦大會上微軟的創始人比爾蓋茲站在臺上問臺下的人說:在座的大家有沒有不用我們微軟的軟體的?結果下面鴉雀無聲,其實這種沉默就代表大家都在預設了這個事實。微軟的老闆比爾蓋茲就默默的笑了,世界上第一個 Windows 系統是微軟做出來的,所以人家有這個驕傲的資本。作業系統就是微軟的熱門商品,支撐微軟持續走向成功。

所以做熱門商品是企業在競爭中勝出的基本前提,是企業持續發展的保障。

產業內曾有一句行話:一個產品成就了一個產業,一個產業養活了一個民族。愛迪生發明電燈;照亮了全世界。愛迪生創立了一個叫 GE

引言

的公司（奇異），曾一度成為世界上市值最大的公司，最高時達4,000億美金。摩爾（Golden Moore）發現摩爾定律：成就了世界最大偉大的晶片公司之一——英特爾。德國的卡爾賓士（Karl Benz）發明了內燃機；大家都知道一家叫賓士的公司，內燃機的發明，也成就了德國民族工業。瑞士的銀行和鐘錶產業是瑞士的一張名片。瑞典利樂公司開創了一個包裝品類，就是我們熟知的「利樂包」，他要求所有合作夥伴，用他們的包裝，需要印利樂LOGO。所以這就是熱門商品的價值所在。根據我們多年的管理諮商經驗我們發現企業擁有熱門商品，會衍生出很多優勢。熱門商品會讓企業擁有定價權，而且提高價格不會丟失顧客。熱門商品有成本優勢；熱門商品可利用規模優勢攤提固定成本，從而獲得規模成本優勢。熱門商品提升有利於提升品牌；熱門商品往往是品牌的載體，有利於打造品牌，提升企業的產業地位。熱門商品有利於掌控通路：利用熱門商品的優勢可以有效掌控銷售通路和整合產業鏈上下游資源。熱門商品更有利於提升企業獲利能力；最大化的貢獻企業利潤。熱門商品促進行銷模式更新；很多企業行銷模式早期都是基於熱門商品成功運作，最後沉澱行銷模式。你看看大師怎麼說？奇異前CEO 傑克·威爾許（Jack Welch）曾說：不管過去還是將來，在行銷中最重要、最基本的仍然是一項可以改善人們生活的好產品。1997年賈伯斯重返蘋果第一次開會說的話：當產品部門不是推動公司前進的人，而由行銷部門推動公司前進，這種情況是最危險的。現在很多企業搞反了，隨意搞個不倫不類的產品，扔給業務部門去賣，賣不掉就說業務部門無能。如果銷量上不去，首先要反思產品力，產品為什麼賣不掉？產品是為業務部門賦能的工具。

第一章　熱門商品理念篇

打造熱門商品的思想

　　在實踐中發現企業做不出熱門商品，往往是有兩個因素導致的，一種是缺乏熱門商品意識，第二種是缺乏科學方法。當我們需要解決某個問題的時候，首先要意識到這個問題的存在，企業家們先從思想上意識到這個問題，在行為上才會產生行動，思想是行為的導向。熱門商品創新需要科學方法；熱門商品開發不只是老闆的事，人人都是熱門商品師，有兩種意識很重要。

1. 熱門商品打造需要一套科學方法

　　在過去很多企業開發新產品，都缺乏一套科學的方法，尤其民營企業這種情況非常普遍，導致熱門商品打造失敗率非常高，我過去曾做過一個諮商案例，有一次老闆在吃飯的時候突然有個想法，覺得這個創意很好，他馬上就掏出手機打電話問研發人員這個想法能不能做出來，研發接到老闆的提出的想法，沒有過多的思考就拍著胸脯說：老闆放心，這個沒問題，領了老闆的任務，過段時間自己閉門造車就做出來一個不倫不類的產品，不甩銷售人員，銷售人員沒有選擇權，只能湊合著推廣，最後產品推廣不出去，銷售人員銷售獎金拿的少，只能拍屁股走

人。這就是民營企業特色產品創新模式：老闆拍腦袋，研發拍胸口，業務拍屁股的模式。其實熱門商品打造背後是有一套邏輯和科學方法的，這套邏輯和方法就是我所一直提倡的熱門商品打造方法論，這套理論並不高深，是人人學的會，人人用得上的一套體系。

2. 熱門商品不只是老闆的事，人人都是熱門商品師

我在做諮商的時候經常有人跟我說：現在產品經理壓力好大，做不出熱門商品說我們產品經理無能，熱門商品失敗也是產品經理來背黑鍋，現在反過來問，開發產品是誰的事？

過去我們做過一個專題研究，發現一個很奇怪的現象，民營企業85%的產品經理都是老闆在挑這個擔子，新品立案、新品開發都是老闆帶頭落實，缺乏產品經理管理機制。老闆操著產品經理的心，整體忙著產品經理的事，最後的結果是老闆天天忙的飯吃不香，覺睡不好，酒喝不下，員工們每天日子過得像神仙，產品失敗也是老闆承擔責任。正確的熱門商品開發機制是研產供銷人人參與，人人都是產品經理，尤其一線員工更為重要。

很多企業的熱門商品創意原點往往是源自一線員工，而不是源自老闆或高層。因為一線員工最貼近產品體驗、最接近一線使用者，最先聽到客戶的聲音。老闆離客戶太遠了，老闆有很多策略層面的事情要管，不可能天天與客戶、使用者泡在一起，有時候老闆徵求客戶意見，客戶當面也不願意跟老闆講實話，在老闆面前都是報喜不報憂，當面都是講一些冠冕堂皇的場面話，轉身就是不主推你家產品。一線員工都是他們的好兄弟，一起扛槍、一起下鄉、一起洗過澡，哥兒們之間才會講實

話。大家買家具如果去逛過宜家家具店,一定對他自由組裝家具有印象,自由組裝模式是宜家家居的產品策略,透過自由組裝讓使用者參與,感受宜家家居的創新性。大家知道宜家家居的自由組裝策略是誰想出來的嗎?有些人可能會說是哪個副總裁級別的人物吧?至少也應該是個店長吧。其實自由組裝模式是一個宜家的送貨工人想到的。有一次宜家的送貨工人送一張桌子給客戶,他發現那個桌子腳太長了,想了各種辦法都裝不進貨櫃,實在沒辦法他就把那個桌子腳拆下來,等送到客戶那裡再幫他裝上,這個簡單的舉動讓他受到啟發,他發現這種可拆卸的方法豈不是很方便,至少運輸很方便,回來就把這個想法反應給公司,最後這種自由組裝的家居就確定為宜家家居的產品策略。我自己在擔任產品經理期間也經常遇到自己難以解決的問題,其實對一線員工來看就是常識,這就是隔行如隔山的道理。

　　有一年春節,我們做春節促銷包裝,為了固定促銷包裝,我和總經理兩人想了三個月,嘗試各種加固的辦法都沒有達到理想的狀態,我實在沒辦法就跑去工廠,看他的生產原理,當我蹲在工廠觀察的時候,一個打包工人走過來問我幹什麼,我就把我的苦惱說給他聽,他聽完就提出一條建議:是不是改變一下產品內部擺放方式會好一點,他怕我不明白他說的意思,就親自動手幫我做了一個示範樣品,這個樣品做好後,在工廠現場做破壞性試驗,發現這個簡單的改進竟然完美無缺的解決了我的苦惱。這位一線員工他沒有上過大學,更不懂力學,就憑他的20多年的打包經驗,把產品換個擺放方式,不用一針一線就解決了,我慚愧的請他吃飯,這個事也給我很大的啟發:換個思維方式就是出口,每個人在他熟悉的領域其實都是專家。我在企業做管理的時候,我一直提倡人人都是產品經理,一直提倡一線員工的重要性,從生產工人、到一線銷售人員,他的意見才是真正的產品原點。

第一章　熱門商品理念篇

3. 打造熱門商品需要匠心精神

　　產品人要有追求極致的匠心精神，把產品打造成「極致」境界。亞洲人做產品往往做到 70 分就認為夠完美了，再對自己要求高一點做到 80 分就認為超級完美了，其實這都是缺乏極致的心態。日本壽司之神——小野二郎一生只做一件事，就是把壽司捏好，很多總統、政要到日本會到小野二郎的壽司店裡體驗一下他的手藝。這麼好的產品，他只做兩家店，一家是他兒子管，一家是他自己管，他擔心門市開多了照顧不過來，擔心產品品質不好管控。這就是匠心精神。如果生意這麼好的壽司店放在國內，老闆馬上想到的是如何開連鎖店快速擴大規模，如何上市能夠融資更多的錢，這是我們需要反思的地方。

認識熱門商品

1. 熱門商品概念

　　我們提及熱門商品的時候，首先要搞清楚什麼是熱門商品，我們查閱各種文獻，結合實踐我得出一個大家比較共識的熱門商品概念：銷量處於產業領先地位，對企業發展和產業更新具有策略意義的產品。在網際網路產業我也曾提出一個概念：具有帶來引流作用，且銷售規模比較大的產品，被稱為網際網路熱門商品。

　　熱門商品也可以理解為大單品，既然是大單品顧名思義產品不在於多，而在於用精，要少而精不是多而庸。做產品就像養孩子，不是追求多子多福，而是優生優育。

蘋果智慧手機出現把傳統通話手機帶入智慧時代。福特 T 型車的出現把交通工具從馬車時代帶入汽車時代。青黴素發明讓醫療告別用消毒水消毒的時代。在青黴素沒有發明之前，醫用消毒都是使用消毒水消毒，第一次世界大戰時很多美國大兵不是戰死沙場，而是受傷後，沒做做好消毒工作導致傷口感染致死。後來弗萊明（Alexander Fleming）發現了青黴素，就解決了外傷感染問題。

2. 熱門商品兩大基因

世間任何事物都有他內在的發展規律和自身特徵，產品也不例外，根據多年的實踐總結，我發現成功的產品基本都具備兩大特徵，我把他總結為：天生麗質，風情萬種。

天生麗質：是指產品一定要具備成為熱門商品的潛質，不是所有產品都能培養成熱門商品，熱門商品一出生就有貴族氣質，具備成功的基因，小壁虎你天天餵牠吃肉牠也成為不了鱷魚，因為壁虎雖然長的像鱷魚，但是基因不同，所以靠後天很難改變。熱門商品的成功基因具體表現在三個方面：一、產品功能要好用；即：使用價值，能夠幫使用者解決實際問題或消除某一方面的痛點。二、產品體驗要好玩；即：能夠給使用者帶來超爽的互動體驗，也理解為娛樂價值。三、產品具有不可替代或不可模仿的價值；稀缺價值。這三點構成了產品先天成功基因。

風情萬種：是指產品要做到人見人愛，花見花開，值得信賴感。產品也像人一樣長的沉魚落雁，迷倒一片，靠著自己顏值，從一見鍾情到一往情深，最終讓顧客為產品花錢上癮。風情萬種在於靠後天的行銷運作來實現，透過行銷推廣提高產品的知名度、美譽度、忠誠度。關於知

第一章　熱門商品理念篇

名度、美譽度、忠誠度的打法，網際網路時代和過去的邏輯有很大的區別。傳統的打法：知名度──美譽度──忠誠度這個邏輯來運作品牌。所有過去土豪做產品的套路是：上來先打電視廣告，提升產品知名度，然後再進行線下鋪貨，產品性價比高顧客慢慢有忠誠度。網際網路時代打法是反過來的，先做顧客忠誠度，做顧客口碑，有了口碑美譽度效應，口耳相傳自然就有了產品知名度。所以網際網路時代產品稀爛的時候，一定不要投廣告，知道的人越多，產品死的越快。

熱門商品基因的好壞往往透過三個特徵來判斷，高顏值、高品質、有故事。網際網路時代也是顏值擔當時代，年輕一代購物習慣第一眼先看顏值是否符合自己的興趣，如果顏值醜陋品質再好也進入不了顧客的法眼。有顏值還要考慮品質，確保他的使用價值。有故事就是能夠增加互動話題，炫耀的資本，提升產品的附加價值，故事也代表一種文化，滿足一種心理需求。就像古董一樣，古董買的就是一種歷史故事，他本身可能不具備使用價值。

3.　一個熱門商品成功需要具備四個條件

具有海量需求；只有海量需要才能做大市場規模，足夠大的市場規模才能培育出大熱門商品。水溝裡永遠養不出鯊魚來，可以透過消費者廣泛度和消費頻率來判斷是否具備海量需求。

熱門商品具備帶量引流的功能；熱門商品能夠快速引爆銷量，為其他產品帶來流量，在產品組合中熱門商品造成火車頭的作用。

產品生命週期足夠長；熱門商品一定不能出現見光死，產品上市就曇花一現，很快就結束了一定也成為不了熱門商品，根據實踐經驗熱門

商品一般需要存貨 10 年以上。

對企業發展和產業更新具有策略意義；能夠促進企業持續長期發展和推動產業更新。產品天生就帶著這種使命感下凡的，不是為了短期投機而誕生的。

如果做產品做不到以上四點，企業開發產品就是勞民傷財，等同於拿錢活埋自己。所以做熱門商品在首先從以上四個條件來評價這個產品是否能夠成為熱門商品。

4. 熱門商品兩種類型

每個企業自身的資源、能力都是不一樣的，企業開發產品要結合自身的資源能力，找到適合自己的路徑或模式。實踐中根據企業的資源實力能夠確保有效的實現，我把他歸納為兩種形式：一種是區域性熱門商品，另一種是產業性熱門商品。

區域性熱門商品

區域性熱門商品是指企業圍繞自己具有競爭優勢的某一特定區域市場開發熱門商品，最終在某一區域市場取得市場領先地位或成為區域的老大。區域熱門商品更適用於資源有限的企業，吃不下全國市場，更適合做區域大單品，吃不下全國市場不能硬吃，硬吃會消化不良，所以成為區域老大對中小企業來說也是一種不錯的選擇。

產業性熱門商品

產業熱門商品是指根據企業自身優勢圍繞某一特定產業開發熱門商品，最終在某個產業取得領先地位或成為產業的第一名。產業熱門商品更適用於資源多的企業，有些企業資源雄厚，不缺錢，不缺資源，本身

就在運作全國市場，針對這種財主合作開發產業性熱門商品。

　　總之，不管去追求區域老大，還你是產業第一，開發產品的初心都必須衝著那個第一去努力，如果沒有爭第一的心，一定不會有當老大的命。

　　區域性熱門商品和產業性熱門商品既有統一性，又有區別度。區域熱門商品不一定是產業熱門商品，因為有些企業資源具有區位優勢，他在某個區域具有領先地位，隨著市場範圍的擴大，它的競爭優勢在逐步衰減，放到整個產業中，在全國市場環境下就不一定具備競爭優勢。但是產業熱門商品有時候也不一定在所有的區域市場都具有領先地位，只能說在大部分市場具有領先地位，因為有些區域也存在地方性的優秀企業。具體是採取區域熱門商品策略還是採用產業熱門商品策略，根據產業特徵和企業資源能力而定，如果企業資源有限，原則上是採取區域熱門商品策略，培育利基市場，基於利基市場在逐步向外發展，最後實現從區域性熱門商品發展到產業熱門商品，這個路徑更容易成功。麥可‧波特（Michael Porter）在《競爭策略：產業環境及競爭者分析》（*Competitive Strategy-Techniques for Analyzing and Competitors*）中提到公司所在當地的環境是其獲得競爭優勢的來源，現代企業儘管布局全國市場，但是競爭往往圍繞一個或兩個核心區域展開。

5. 認知熱門商品兩大失誤

熱門商品的第一大失誤：熱門商品＝獨苗產品

　　很多人理解熱門商品都是認為熱門商品是只有一個單品，其實熱門商品是一個矩陣，或者理解成一個熱門商品系列。根據功能來劃分，流量熱門商品、利潤熱門商品、種子熱門商品，不同的熱門商品他所造成

的策略意義是不同的。我把他成為熱門商品實現三級矩陣：

三級種子熱門商品　→　二級細分高利潤產品　→　一級高流量產品

一級高流量產品

　　一個企業在起步階段，往往資源和能力有限的情況下，先把資源聚焦一個單品上，先開發一個高流量產品，進行快速單品引爆，利用高流量產品帶量引流，累積客戶、通路、品牌、鍛鍊隊伍，實現單品突破。一級流量產品聚焦點是圍繞大眾消費者、一級痛點、挖掘高頻率硬性需求點，然後把這個高頻率硬性需求點轉化成產品。

二級細分高利潤產品

　　透過一級流量產品獲得大量使用者和通路客戶後，圍繞高品質客戶的細分需求，開發業務二級細分高利潤產品，即：開發第二增長曲線的細分高利潤熱門商品。開發細分高利潤產品一般操作方式：首選對存量客戶篩選，從使用者群中挖掘出高品質使用者群，圍繞高品質使用者群挖掘兩個需求點，一是高頻率的癢點；透過使用者一級高頻率痛點帶動二級高頻率癢點需求，因為高頻率癢點，頻率高了也會讓使用者受不了。二是低頻率痛點；深度挖掘客戶低頻率痛點，透過一級高頻需求帶動低頻率硬性需求，對於有錢人來說，是願意花錢來解決低頻率痛點。

三級種子熱門商品

在一級和二級火箭累積的勢能基礎上，籌備第三級種子產品，提前埋第三級種子，開發慢慢培育，以此類推，滾動發育，不能吃老本，最後形成企業熱門商品群。

我們在看寶僑公司，寶僑公司也是採用熱門商品矩陣模式，海倫仙度絲事業部：代表去屑；潘婷事業部：主打養髮護髮等，研究發現寶僑才是採用熱門商品路線，不追求產品多，而追求產品要精悍，每推出一個產品就要能夠代表一個品類。

第二大失誤：熱門商品＝完美產品

很多人認為熱門商品一定是完美的產品，其實不然，熱門商品只需要單點做到極致。就是使用者最關注的那個點，你把那個體驗點做到極致，產生尖叫效應，就能夠黏住使用者，一定不能追求全面極致，無關緊要的部分只需要做到不給產品減法即可，所以我一直強調：不要在看似很酷的非關鍵點上用力過猛，要在核心點上硬碰硬到底。

結合以上內容，企業從以下幾點自我診斷一下企業有幾個熱門商品？

6. 企業熱門商品自我診斷

（1）產品數：

公司有多少個品類？

每個品類有多個品項？

（2）銷售額

銷量排名前三產品年銷售額多少？

銷量排名前三產品銷售占比多少？

銷量排名前三產品銷售增長率多少？

(3) **銷售增幅**

銷售增長率前三的產品哪幾個？

銷售增長率前三的產品銷售額多少？

(4) **新品貢獻率**

近三年開發的新品有哪幾個？

新品銷售額前三的產品？

新品增長率前三的產品？

熱門商品的來源

我們開發熱門商品最大的困惑是找到不到熱門商品從哪裡來，因為這個點是開發熱門商品的入口。就好像做業務找不到流量入口，沒有其他的工作準備再好也是白搭。那麼熱門商品到底從哪裡來？根據我自身15年的實戰來總結出來的規律，熱門商品無非來自兩個方面：

1. 一個方面：是從老產品線中篩選；從沙堆裡挑珍珠

有些企業產品線非常豐富，有很多不錯的產品，甚至是有一些非常有競爭力的專利產品，由於領導者缺乏熱門商品意識，產品線管理亂如麻，相當於把沙子和珍珠融合在一起，最終沙子太多把珍珠埋沒了。我

第一章　熱門商品理念篇

在管理諮商的過程中經常遇到這類企業。

去年我曾為一家企業做諮商，這家企業就是一個非常典型的代表。這家企業做農產品的，要錢有錢，要人才有人才。我進入企業以後，先訪談他們的業務經理，我開門見山問他三個問題：第一問題是：你們公司現在有多少個產品？他馬上告訴我說有 500 多個單品，在整個除草劑產業我們的產品數量是最多的，沒有競爭對手能和我們比拚。我馬上又問他第二個問題：500 多個產品中銷量最大的產品年銷售額多少？我話音剛落，他驕傲的表情馬上消失了，用低分貝的聲音跟我說：尹老師你問及這個問題我們感到很慚愧，我們產品數量雖然多，但是銷售上沒有特別突出，好的也就 500 萬左右，差的產品一年銷售幾萬的都有。我接著問他第三個問題：你現在請我們做諮商，當下最急於解決的問題是什麼？只准講一個。業務經理馬上告訴我：雖然這是行銷諮商專案，但是目前我最頭痛的是供應鏈問題，每個月產品交付率基本不超過 70%，然後就一陣吐槽生產部門。其實第三個問題他不說我都能猜到。500 多個單品，生產工廠每次更換品種都需要停機更換包裝材料，除錯裝置等一系列流程動作，哪怕工廠生產一箱產品也需要走完上述流程，有些生產量少的產品除錯裝置的時間比生產時間還長，其實這不完全是生產部門的事情，這麼多產品放到任何企業都會帶來生產效率的下降，他認為值得驕傲的優勢反而是制約產品交付的劣勢。最後我提出二條建議：

第一條：把產品線砍掉 30%。根據年銷量、產品賣點、產品毛利、未來趨勢四個指標綜合評估後，把排在後 30% 的產品線砍掉，產品交付率馬上會提高一倍。

第二條：資源聚焦在幾個核心產品上，打造明星熱門商品。因為在訪談過程中，我們了解到他們公司有好幾個專利產品，因為過去公司沒

有刻意去培養這些專利產品,所以銷售一直不見起色。我提議今年把市場費用聚焦在兩個可以快速打爆的專利產品上。剛好趕上銷售旺季,兩個策略下去,8個月時間效果明顯大大改善。時間消耗大且銷量低的產品砍掉以後生產效率提升240%;兩個專利產品過去銷量徘徊在500萬左右,在銷售旺季資源聚焦,重點推廣,銷量最大的單一產品突破2,800萬,增長超過600%,遠遠彌補了砍掉的30%產品。所以從老產品線中去篩選熱門商品是見效最快的方法。在實際過程中,有幾個關鍵評價指標非常重要:銷售額、產品毛利率、產品差異化、產業趨勢、產品壁壘。從老產品中篩選是有工具、有量化指標的,再結合不同的產業特徵和企業特點,去實際執行,而不是拍腦袋、憑感覺去篩選。

2. 另一方面:新產品開發;實現從 0 到 1 的創新

如果老產品線裡找不出熱門商品好種子,也就是說根本選不出將軍來,只能從0開始,實現從0到1來做產品創新。新產品最終能不能成為賣爆,一定不是聽天由命的,也是需要系統的規劃和培養,從實戰中經驗,最終一個新品能不能培養成熱門商品,有兩個判斷指標:一是:上市三年銷售額平均是公司所有產品銷售額均值3到5倍。提到銷售額均值這是一個非常重要的操作要點,為了確保數據的合理性,需要先別除掉兩個極端的數據,一個是銷量最好的產品,一個銷量最差的產品,因為這兩個數據對均值影響比較大。第二個判斷指標:新品連續三年複合增長率超過100%。如果一個新品能夠符合這兩個指標,一般情況下可以成為熱門商品。關於新產品開發的具體方法和操作要點在後面的文章中會有詳細的闡述,本章節只是給大家丟擲一個熱門商品來源思想,來啟發大家知道有這個意識。

3. 熱門商品開發的基本路徑

熱門商品開發以企業策略為導向，企業所有產品開發一定不能脫離企業策略，所有產品與企業策略相匹配，承接策略實現。基於企業策略為導向去研究挖掘市場機會，找到市場機會，去論證市場機會，評估市場機會是否能夠轉化成有形的產品，每一個市場機會轉化成有形的產品需要匹配的技術、通路、資源，如果市場機會轉化不了產品，只能停留在想法上，是無法實施。基於產品設計行銷模式，產品行銷模式是以產品為基礎的，不能脫離產品本身的特徵，我服務過一家企業他是做低溫奶的，低溫對物流運輸半徑、儲藏條件是和常溫奶不一樣的，所以不能用常溫奶的行銷模式去操作低溫奶。從產品開發到行銷模式實行，最後都需要強而有力的組織來承接各項工作的執行，組織能力是熱門商品開發和行銷模式實行的保障，熱門商品開發基本是按照這個邏輯路徑來實施。

4. 熱門商品打造金三角模型

結合以上的實行路徑，如何打造熱門商品呢？根據多年的產品管理實踐我歸納了一套模型，叫熱門商品金三角模型。即：使用者需求洞察、產品整體設計、爆點行銷。

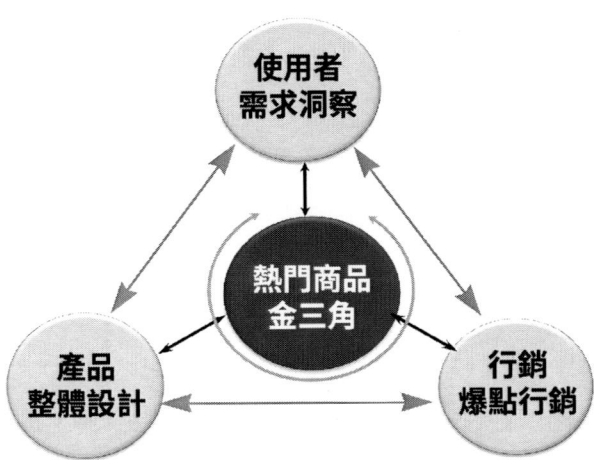

　　使用者痛點是實施熱門商品開發的第一步，使用者痛點要依靠市場研究和使用者洞察來實現。接下來在下一章節重點來介紹使用者痛點的挖掘方法。

第一章　熱門商品理念篇

第二章　使用者痛點與需求洞察

　　根據多年做產品的使用者研究經驗，我們常用的使用者痛點洞察有三種方法：定量研究、定性研究、場景洞察法。三種研究方法應用的場景和解決問題的目的是不同的。接下來針對每一種方法做詳細的闡述。

　　在分析研究方法之前，我先給大家提個醒，學習任何方法，一定先搞清楚方法論的適用範圍（是用來解決哪方面問題的）、有效性邊界、理論缺陷。一定不能死記硬背的教條化。就像吃藥一樣，不要脫離劑量談療效，曹操砒霜都能喝，你能說砒霜沒有毒性，關鍵劑量小，這個劑量就是有效性條件。這就是我後面會提到的學會思考性學習，而不是記憶性學習。

使用者定量研究實戰方法

1. 定量研究目的與適用條件

　　定量研究分析一般是解決洞察產業趨勢、品類發展趨勢、使用者需求趨勢等方向性、趨勢性為目的研究方法。透過大數據看產業發展方向和趨勢。不連續或非線性問題無法做定量研究。所以做定量研究一定要以充足、連續性的數據作為基礎，如果數據不充分往往容易造成研究結果偏差或失真。

2. 定量研究四個步驟

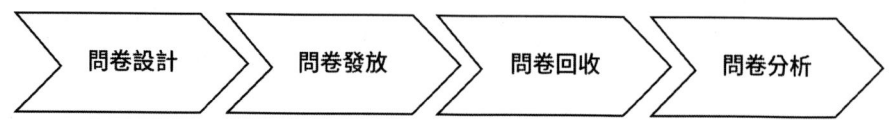

問卷設計的操作要點：

(1)一般是借用李克特五級量表法做問卷設計。

(2)一般題項不超過 20 個，15 個題項為好，而且題項描述清楚。

因為我在實際研究中發現超過 15 個以上的題目，參與研究者就沒有足夠的耐心去認真填寫問卷，20 以後的題目完全是隨心所欲，給出的答案往往缺乏真實意願，隨心性比較大，得出的研究數據自然效度比較差。

(3)核心指標需要 2 到 3 個題項，需要反覆驗證

如：評價優秀員工的測量問卷，設定三個題項：能夠按時完成主管交代工作，主動幫助他人、責任心強、經常主動參與企業的專案等。

(4)同類問題的題項設計一定是同向的

即：做出肯定回答的 (YES) 代表肯定或認同，分值越高代表認同度越高。否定回答的 (NO)，代表不認同，這種方式設定題項，就能確保同向。

如：評價一個美女：你是不是覺得這個美女很漂亮；他的回答 YES，得出來的肯定答案，認為美女是漂亮的。你是不是喜歡她？答案是 YES，代表喜歡，NO 代表不喜歡。這就確保了題項設計一致性。如

果反向問：你是不是不喜歡她？回答 YES，代表不喜歡，就出現了方向不是同向。

（5）調查表題項設計採用封閉式和開放式相結合的方式，也可以採用半開放式。一般是先採用封閉式問題，再採用開放式問題。因為封閉式問題比較容易回答，更容易讓被調查者參與。開放式問題的好處能夠增加被調查者的意見，來彌補自己的不足。

（6）調查表設計完成後需要進行預試，根據預試結果對問卷進行二次修正。預試問卷一般不少於 30 份，透過預試來測試問題的有效性、合理性。

問卷發放操作要點：

（1）發放管道：

問卷的發放管道非常重要，它決定你獲得樣本的品質，我平時做研究為了提高閱聽人覆蓋面，往往採用線上和線下相結合的方式，藉助網際網路工具：線上問卷。

（2）發放對象：

你所獲得資訊的準確性往往取決於你選擇的研究對象，所以派發問卷時要先對對象進行界定和篩選，選擇有針對的性的目標對象派發問卷。對象的篩選指標包括：產業、職業、年齡、性別、工作年限、學歷等。

問卷收集操作要點：

（1）一項合格研究，有效問卷不低於 100 份（剔除無效問卷後），低於 30 份的研究基本無效。最低不少於 50 份。樣本太少看不出數據分步規律甚至誤導決策。

(2)根據嚴謹的樣本量，有效樣本的回收原則是樣本數量是測量題項的 5 到 10 倍比較合理。

問卷分析操作要點：

問卷分析包括兩個方面；即：樣本的檢驗、樣本分析。

(1)樣本檢驗

在做樣本分析之前要對樣本的有效性做檢驗。如果收集的樣本信度和效度都是比較高的，這種分析才更有意義，否則分析是沒有意義的。

第一步：主觀檢驗

樣本回收後，需要對樣本進行主觀檢查、篩選，剔除無效樣本，對填寫不完整、明顯是在亂填的，如：全部選 A，視為無效問卷。

第二步：信度、效度、相關性實證檢驗（用 SPSS 軟體來做檢驗）信度判斷指標：信度係數大於 0.7，CITC（相關性檢驗，指標大於 0.7）。效度檢驗：P 值小於 0.01，KMO 球形值大於 0.7；相關係數：大於 0.5。達到這個標準的問卷分析結果才更有意義。

(2)樣本分析

對透過檢驗後的高品質的樣本進行分析，往往透過數據分析，找到共性問題、洞察趨勢和方向。

在定量分析中，分析人員對數據的敏感度要非常強，一定要透過數據看透問題的本質，而不是根據數據看數據，一定要透過數據分析挖掘出隱藏在數據背後的本質。

在諮商產業做市場定量研究時，一般會看關鍵數據，非關鍵數據往往不重要。接下來我介紹幾種我們日常做市場研究的幾種定量方法。

3. 利用品類大數據探勘熱門商品三種方法

看品類數據探勘熱門商品機會

　　一般看一個平臺上排名靠前的品類，篩選出品類排名的前三，然後再看品類銷量。一般日單量超過 1,000 單，就證明該需求客群存在一定的規模。所以看品類大數據看兩個關鍵點。即：品類前三名和日單量。

　　國外曾經有團購平臺也是採用此方法，2010 年前後，有一個團購網很瘋狂，各種團隊活動蜂擁而上，我 2010 年也在做月餅團購網，對當時的團購網理解比較深刻。當時一位該團購平臺 CEO 發現各種品類排名中外送業務是最靠前的，而且平均日單量超過 1,000 單，他判斷外送業務未來可能會爆發式增長，而且年輕人都已經喜歡宅在家裡或辦公室裡。他就把其他業務逐步收縮，助攻外送業務，把外送業務打爆。也成就了今天的其在外送領域的江湖地位。

看產業驅動要素的增速或產業增速

　　判斷一個產業有沒有未來，你先找到驅動產業發展的關鍵要素，然後去分析這些要素的增幅。一般驅動要素增速超過 10 倍往往蘊藏一個大機會，或產業的增速是 GDP 的 1.5 至 3 倍，也蘊藏著一個大的產業機會。

　　亞馬遜創始人貝佐斯（Jeff Bezos）在網際網路工作時，他當時發現全球資訊網流量每年增速超過 1,024%，以這麼驚人的增速未來網際網路一定是大趨勢。他辭去工作做了第一個賣書的網站，從賣書起步慢慢發展到亞馬遜的全品類經營，也讓亞馬遜成為世界上市值最高的網際網路公司之一。當年貝佐斯看到流量增幅的 1,024% 剛好超過 10 倍，所以 10 倍是判斷產業的臨界點。

　　產業增速超過 GDP1.5 至 3 倍是我過去做產業投資的一個參考指標。

我們做投資判斷一個產業增幅能夠超過 GDP 的 1.5 至 3 倍，我就認為這個產業大有可為。

看搜尋平臺關鍵字搜尋數據

我們看搜尋平臺關鍵字也是判斷一個產業或品類的重要指標。我們一般參考 Google 搜尋等搜尋數據。當一個產業日搜尋量超過 1,000 時，我們認為這個需求是比較旺盛的。

當年我一個同學在網路公司工作，而且職位做到了高級總監，他突然提出離職，找我商量說打算自己創業。我問題他打算做什麼專案，他說洗外牆業務。問我是否感興趣，我聽說洗外牆業務基本興趣就打消了一半，我覺得那個業務需求量太小。後來他就一個人做了這件事，一年後我們再見面發現他做的非常好。我問他是如何判斷這個生意是可以成功的，他跟我說因為他在網路公司工作，對網路數據背後隱藏的商業價值一般比外人理解的更深，他發現搜尋引擎排名中每天都有上千人找洗外牆業務，說明這個需求極大，所以他決定做這件事。我們再來看新冠疫情爆發時，出現的口罩難求的狀態。從數據上你發現搜尋口罩的人每天超過 30,119 人次，每天搜尋增幅超過 2,859%。所以這種狀態嚴重出現供不應求的局面。

評價市場規模的方法：日搜尋量 × 產業平均轉化率 × 客單價 ×30 天 ×12 個月 =1 年的營業收入。透過一年的營業收入，就能測算出投入產生比。最終評估這個生意能不能做。

使用者定性研究實戰方法

1. 定性研究目的與適用條件

　　定性研究往往是用來挖掘消費者潛在的需求，無法透過數據來反應出來的消費者心裡行為動機，或數據不夠充分，往往採用定性研究來解決。

做定性市場研究的一個關鍵點：

　　不是洞察需求，而是挖掘痛點。需求是由痛點引發的。顧客很多時候受知識的局限性，他自己並不知道他需要什麼的產品。你就把顧客看成一個病人，醫生不可能問病人，你需要什麼藥？醫生會問你哪裡不舒服？然後給你提供產品解決你的痛點，這就叫引導需求。基於痛點結合自己的專業，把需求點推理出來。所以做產品要抓住痛點，創造需求，任何一個痛點基於不同的人，不同的生活場景，有 100 種不同的解決辦法。

定性研究操作要點：

　　我在實際中常常用到的定性研究包括：一對一訪談、一對多座談會。接下來我重點介紹這種兩種研究方法操作要點和成功關鍵點。

2. 一對一研究訪談操作方法

　　一對一訪談往往是適合重要研究對象；如：大客戶研究、意見領袖訪談、重要企業管理者的深度訪談，往往會採用一對一訪談方式。在一

對一訪談應注意以下幾個關鍵要點：

(1)訪談對象的選擇

訪談對象選擇精準是確保一對一訪談成功的前提條件，被訪談對象往往選擇對某一個領域特別專業的人士，能夠確保提供更多的資訊量且相對準確。如果對象選擇錯誤，所提供的資訊也會有很大偏差。選擇研究對象：溝通能力強的、有代表性的客戶，經驗豐富的人。

(2)訪談大綱準備

在實施一對一訪談之前，要提前準備好研究訪談大綱，把需要挖掘的資訊做成訪談的內容框架，理清楚的內容的邏輯和先後順序，然後根據訪談大綱內容開展一對一訪談。

(3)一對一訪談操作要點：

提問方式：多問依據，少問定性結果；

提問題的方式決定你所獲得答案，如果方式是錯的答案也一定是錯誤的。一般可以「獲得依據」的開發式問題。如：你愛讀書嗎？很多人可能會說他愛讀書，如果你換一種方式問他：你每個月讀幾本書，讀書花多少時間就能判斷出他愛不愛讀書。

提問內容：多問具體點，少問總體面，圍繞一個點遞進式深挖。

只有到點才能收集到有價值的訊息。問的越具體研究對象也能給出具體的建議。食品：好不好吃，不如問：辣度夠不夠，甜度怎麼樣？鹹度怎麼樣？

問題形式：一般是開放式問題和封閉式問題相結合。先封閉式提問，再開放式提問。

因為封閉式提問更容易回答，後期透過開放提問是為了獲得更多資

訊，如果開放式問題太多，回答者會感到厭倦，不願意回答或亂回答。封閉問題是為了驗證自己的假設，所以封閉式問題要提前有個基本判斷。

對關鍵問題反覆求證

重要問題可以從不同角度設定題項，進行反覆測試，保持信度上的可靠性。

如：問你通常多久去一趟超市？如果回答是 3 天；那麼二次求證：一週你會去幾趟超市購物，如果回答是 2 次，這個測定結果就是可靠的。

假設測試與回饋

在研究過程中，要帶著假設與客戶去一對一的溝通，論證自己的假設是否成立，可能存在的問題，透過現場測試來驗證預想的價值，假設測試是很多研究人員容易忽視的一個環節，但是也是做研究非常重要的事情。

3. 一對多座談會

一對多座談會適用條件

一對多座談會適合更多的中性樣本量，需要更開放的、收集跟廣泛的意見，會採用一對多座談會，如：我做諮商過程中市場做消費者需求研究、產品測試、收集管道意見，都會採用一對多座談會的方式。一對多座談會的好處是能夠收集更廣泛的意見，同時讓大家能夠積極參與討論。

一對多座談會操作要點

研究對象選擇：任何研究精準選擇研究對象都是非常重要的一步。

座談會的分組原則：一般一次研究會進行 3 組到 5 組來測試，至少不少於三組。

每組人數安排：一般一組 8 個到 10 個人，不超過 10 人。超過 10 人現場的控場比較難。

訪談大綱編制：根據研究目的提前制定訪談大綱。

操作要點：在討論階段一定是對事不對人，原則上不能存在否定對方的行為，任何人都可以暢所欲言，有存在疑問的可以由會議紀錄人員做好記錄，事後由觀點提出者給予合理的解釋。所有討論過程中必須做到有理有據。即：任何觀點都必須有事實依據，任何沒有依據的觀點都不能獲得支持。

我們在實踐中發現，有時候學了一堆的理論、方法和工具，但是還是解決不了問題，為什麼會出現這種情況。其本質是不得要領。在實踐中所用到的研究方法往往不是一種方法，而是多種方法的組合應用，最後才能獲得更全面、更精準的資訊。接下來我來分享一下我在實踐工作中常用到的幾種定性研究方法，以及這些方法應用的關鍵要點。

4. 使用者行為畫像分析實戰方法

首先清晰界定使用者畫像，是做消費者研究的基本條件。

使用者畫像包括：基本使用者畫像、行為畫像兩個部分。

基本畫像內容：年齡、性別、職業、教育程度、群體偏好、認知程度、消費偏好、群體痛點、消費能力等。找到群體共性的行為畫像特徵。

行為畫像：又包括購買行為畫像和體驗行為畫像、分享行為畫像。

購買行為畫像：喜歡買什麼（品類偏好）、哪裡買（管道）、願意花多少錢買（價格）、多久買一次（購買頻率，是否高頻率）、一次買多少（客

單價)、購買最相信誰（信任背書人）、購買關注點（產品促銷推廣入口）。

體驗行為畫像：誰在用（主要目標客群）、哪裡用（應用場景）、如何用（體驗習慣）、一次用多少（用量和在上面投入的時間值）、多久用一次（是否高頻率應用）、應用過程中存在哪裡痛點（延伸新機會和產品更新方向）。其實消費者每一次的購買選擇，內心都充滿掙扎？他往往會考慮以下幾個方面：我概括為：4W3H 原理。

買什麼產品（what）—— 根據需要，確定買什麼？

哪裡買（where），即分析購買管道。

什麼時間買（when）

買誰的品牌（Who）

什麼價格買？（how much）

買多少？（how many）

夠用行為邏輯

消費者整個消費過程也是遵守一定的邏輯，基本是按照按照八個步驟來完成這個行為過程。

誘因→知道→了解→喜歡→偏愛→相信→購買→分享

誘因

從這個邏輯來看誘因是引發需求的起點。所以挖掘消費誘因是設計產品的原點。比如美女為什麼要找男朋友。無非幾個誘因：自己感覺一個人太無聊，年齡大了父母的嘮叨、身邊閨密都有了男朋友等各種誘因，那種誘因是核心呢，這個需要深度研究，找到那個核心誘因是成功的關鍵。

第二章 使用者痛點與需求洞察

知道

當你了解了誘因,明白了這種需求,有人幫你介紹對象,比如:提及同高中的男生給你,你可能會知道這個人,但是不了解,在知道的前提下你會進入下一個環節。

了解

大家出來去咖啡廳聊聊,你對這個男生的外貌、學歷、工作經歷、性格特徵、存款、幾間房產等基本情況有個熟知。

喜歡

當你約了幾次,你發現這個男生不但長的帥、工作好,還挺幽默、有學識,女生就會慢慢喜歡上這個男生,發展到喜歡階段。

偏愛

交往一段時間,你會發現他不但帥、品性好,而且還幽默、體貼、大方,還是一個低調的富二代,一直很低調,女生自然就會對男生產生好感。

相信

然後透過多方打聽下,你發現他名下有公司,老爸是民意代表,你堅信自己沒有看走眼。

購買

最後女生下定決心,非這個男生不嫁的時候,就到了成交階段了。

分享

等結了婚,感覺自己很幸福,難免會到處與閨蜜炫耀,分享自己的幸福。分享的底層邏輯是炫耀,是傲嬌,才會驅動人去炫耀,如果一個人日子過得清貧,每天只忙碌生活,哪有炫耀的資本。只有讓顧客感受

了驕傲，才值得他去炫耀，顧客才會主動分享。

任何購買行為都會遵守這麼一個行為，你要了解這種潛在購買行為就需要採用定量研究來實現，而且潛在的需求往往定量研究是無法做到的，我們在做定量研究時，也有很多應用技巧。接下來我介紹洞察使用者需求的六招利器。

5. 洞察需求本質的六招利器

從問題背後的問題看問題

以終為始的邏輯；看問題背後的邏輯動因和價值連結點，找機會突破點和潛在威脅。現象是偽需求。

客戶購買鑽機時，表面上他是在購買一臺鑽機，而是實質上他是在購買的是「一口井」，你與客戶探討的不是需要什麼樣的「鑽機」或討論這個鑽機好不好，而是應該了解客戶他需要的是一個什麼樣的「一口井」，基於他對井的需求，我提供給你鑽機。再深一層次，他需要的是什麼樣的水？基於對水的標準提供鑽機。所以看問題一定不能停留問題表面，而是使用者內心深處那個終極的需求點。

從客戶背後的客戶看需求

我在幫企業解決問題時，一定不是停留客戶當下的溝通介面，而是向前推一步，幫助客戶搞定客戶。也就是說幫客戶的客戶解決問題，把問題向前推進一步。幫製造業解決行銷問題，我往往站在經銷商的角度思考問題，幫助客戶搞定經銷商問題，經銷商的問題解決了，他願意付款賣貨了，自然也就解決了廠家的行銷問題。解決經銷商問題我們往往站在零售商角度，幫經銷商搞定零售商。同理解決零售商問題往往站在

第二章　使用者痛點與需求洞察

消費者角度，幫零售商做使用者營運，最終解決零售商的問題。這就是我們做諮商解決問題的方法或方式。把解決問題的介面向前推進一步。

從顧客痛點中發掘需求

我們做行銷習慣掛嘴上的一句話，以需求為導向，很多人沒有去思考，需求從哪裡來？需求是從痛點中衍生出來，顧客為了消除痛點而衍生需求。要找到需求點，就要走進使用者的工作、生活、學習、娛樂，了解他們在這些場景下存在哪些痛點，每一個人都有痛點，每個痛點都會衍生不同的需求，其實需求是一種現象，隱藏在現象背後的痛點才是本質。

從人性的本質發現需求

人性的本質是最穩定，找到人性的本質需求是最底層的需求邏輯。追求和迴避，是人類的兩大動機。迴避危險，追求想要的東西；人性的行為驅動要素只有兩種：追求快樂，逃避痛苦。老人怕病、小孩怕笨、女人怕醜、男人怕窮。食、色、欲是人生三絕，透過不同的形式呈現出來。每個人都喜歡做的事情：賺錢、娛樂、交友。所以延伸出票子、圈子、面子。販賣焦慮＋期望的綜合解決方案。洞察人性而順應人性，不是控制人性。

菩薩度眾生也是在順應人性，提籃菩薩為了度化眾生步入佛門，她化身一個賣魚的美女，出現在漁民面前，這麼驚豔的美女出現在漁夫面前，人人都垂涎三尺。於是這個美女出一個要求：我給你們每人一本書，一個晚上誰能背會，我就嫁給他，這本書就是觀世音經文。結果一大早有20多個人背會，她又說我一個人不能同時嫁給那麼多人，再送一本書，三天能背會就嫁給他，又送出去一本金剛經給眾生，說三天背會，然後又送法華經……提籃菩薩透過這種方式教化眾生，也是順應了人

性。如果菩薩說我有一部經書，很不錯，大家願意學的就跟我來學，有錢的捧個錢場，沒錢的捧個人場，一切隨心，我猜想這些漁民沒幾個願意背經文的。根據心理學的研究，人性有幾個特徵：

人性都是懶惰的；這個不用解釋，大家都明白，而且每個人都有惰性。

人性都是愛跟風的；群體智商低於個體智商。每年雙11大家都忙著剁手，不管自己需不需要先買了再說。看別人都在買，如果自己不買，好像對不起店家一樣。

人性是不愛思考；亞洲人有個奇怪的現象，不但自己不愛思考，還常常勸別人不要思考，常說：你天天想那麼多，累不累。

人性是沒有耐心的；人有5秒耐心，大家等電梯時你發現，超過五秒鐘就開始按電梯按鈕，現在很多企業開始打5秒廣告。因為超過5秒就沒人看了，純是浪費廣告費。

人對隨機充滿好奇心；所以每個人心中都有一個500萬的樂透夢，澳門的發展就是指望博彩產業，明知道自己不可能發財也想在神祕的王國中去賭賭運氣，亞洲人喜歡說：萬一發財了呢。所以有大錢的人跑去澳門玩大的；有小錢的人去買股票；沒錢的人去買樂透，這就是人性。偉大產品要滿足人的物質貪欲和情感需求的雙重需求。

從潛意識動作中看需求的本質

從身邊的人群中不經意的「潛意識言行」中發現需求，關注細小行為細節，大事大家都會小心，細節往往被忽視，潛意識動作是最能反映真實內心，語言可以撒謊，潛意識行為不會偽裝。不要聽他說什麼？重點看他做什麼？

當年我主導開發了一款香腸，其實這個專案的原點根本也是源自一

第二章　使用者痛點與需求洞察

次意外的研發測試。那個時候剛好是暑假，找了一批假期來實習的大學生，我跟研發部門說，你們平時做的新產品苦於找不到測評對象，現在有這麼多大學生在這裡，你們可以找他們去做產品測試，聽聽他們的對產品的評價。當時研發部門做了六個樣品，放在 6 個白盤子裡，由研發部進行測試，我當時也不在現場。研發部測試完告訴我：六個產品測試結果大家回饋非常好，還把調查問卷給我看，他想證明這次研發很成功。我說我先去現場看一眼，我站在門口看一眼就說：2 和 5 留下來，3 和 6 直接淘汰，1 和 4 現在沒辦法下結論。等我話音還沒落，研發人員聽到後不服氣說：你憑什麼說 3 和 6 不行，大家都覺得很好，調查問卷明明寫著滿意，鐵證如山。搞的我好像不講理一樣。然後我只問了研發一個問題：盤子裡產品放的數量是不是都一樣多？他說一樣多，都是 1,000 克。聽他說完我就告訴他我的判斷依據：既然每個盤子都是 1,000 克，你自己看 2 和 5 盤子裡已經吃完了，3 和 6 基本沒動過，如果好吃他們為什麼不吃 3 和 6？請他們過來好吃好喝，他好意思說你的東西不行嗎？行為才是最真實的。等我說完研發人員心服口服，覺得我說的很有道理，所以做研究一定要關注行為細節就是這個道理。

不要在乎客戶說什麼，要看他做什麼

使用者有時候說的不一定是真心話，關鍵要看他的潛意識行為。潛意識行為往往會出賣一個人內心真實的想法。

索尼公司當年想做一款音箱，初步就做了兩種顏色，一種是黑色，一種是黃色，先選擇一款來試銷，市場人員選不出來先選擇哪一款試銷。他們就找一批使用者做測試。測試結果很多人都覺得黃色好看，還說黃色的比黑色看起來亮，說的像真的一樣。測試完後，索尼公司說為了感謝大家的參與，每人可以領一個小音箱作為紀念。顏色大家隨便

選，但是只能選一個。等他們選完最後的結果讓測試人員很意外。他們發現最後選擇的大多是黑色音箱。一下子把測試人員搞混了。所以我經常告誡做市場研究的朋友一句話「嘴巴會說謊，行為難偽裝」。消費者只有對屬於自己的東西他才會更加謹慎、理性的選擇。

6. 顧客不購買產品的七個心理黑洞

我們賣產品經常會遇到客戶不購買我們的產品，但是很少去刨根問底，去思考為什麼不買我們的產品？根據我多年的研究發現消費者不購買產品無非七個原因，我把他比喻為顧客不購買產品的七個心理黑洞，為什麼是黑洞呢，因為你看不到顧客心裡的真實想法，顧客也不會告訴商家實情。如果商家掌握了這幾個因素，你就有針對性的去解決問題。

負需求

為什麼會與負需求呢？根據研究發現，顧客曾經受過傷害，留下了心理陰影，他就會對某類商品產生負需求。就像一個美女，曾遭受過渣男的傷害，從此都不會再相信真愛，看誰都是渣男，這叫一朝遭蛇咬，十年怕草繩。這就是產生負需求的底層邏輯。解決負需求的問題，需要透過差異化，強調現在的東西與原來的東西不一樣來消除陰影。受過傷害的美女你一定要告訴她，世界上的男人沒有妳想像的壞，世界上除了有渣男，還有暖男這個物種，透過不一樣特徵慢慢消除心理陰影。

不了解

顧客不知道你的產品是什麼？對他有哪些價值或好處，一般情況下顧客不會購買他不了解的商品，這是規律。要解決不了解，需要透過傳播手段來解決，提煉產品賣點，然後透過傳播告知顧客你產品的賣點或價值。

第二章　使用者痛點與需求洞察

不需要

　　當顧客了解產品功能和價值，感覺與自己關係不大也不會購買，我把他定義為不需要。比如：口紅好像與男人關聯度不高，女人對刮鬍刀的熱愛程度也很低。所以你想把口紅賣給男人的難度一定比賣給女人難度要大很多，不要輕易相信把梳子賣給和尚這種勵志故事。我不是說這種情況不可能，而是很難，從行銷學的角度，首先你的目標客戶群都選錯了，這些客戶根本都不是你的菜，你推銷給他的難度會變大。解決不需要的問題可以採用創新的方法，換一種角度，找到那個使用者是誰，再去說服購買者去購買。我們還拿口號來說，你可以跟他說買個老婆用，告訴他這種口紅女人塗上顯得特別美，送老婆一支，她會感動的忘記仇恨。因為女人比男人更容易記仇，女人只有感動的時候才容易忘記過去。把刮鬍刀賣給女人，讓女人幫老公買一個，告訴其刮鬍刀是激勵財神爺努力賺錢最有效的工具之一。吉列刮鬍刀早期上市，就是透過廣告教育女性幫老公買吉列的刮鬍刀，大概意思是說男人每天賺錢很辛苦，早早起床上班忙的連刮鬍子的時間都沒有。慢慢教育女性要照顧好你的財神爺。

不值得

　　顧客需要這個產品，但是總感覺你的東西不值這個錢，他也不會買。解決不值得就是需要增加他的附加價值，跳出傳統思維，不但要關注產品本身，還要關注他的附加價值，透過增加附加價值提升他的溢價能力。強調品牌價值、突出與眾不同、名人背書等。在增加附加價值上，我們可以學習美國希爾頓的酒店，希爾頓酒店每個房間裡都掛好多名人的照片，包括：商務政要、明星重量級人物等，上面寫著某某總統、某國政要、某明星、大咖在哪一年哪一日住過此房間，照片掛上去他的

附加價值就有了。如果你住進希爾頓躺在床上，抬頭看到對面牆上掛一張女明星的照片，你馬上想到某個大明星也曾住過這個房間，你晚上都捨不得閉眼睡覺，滿腦子都感覺花這個錢值得。

不相信

　　商家宣傳產品的好處，有時候顧客不會相信，老是懷疑，你的產品真的有這麼好嗎？當顧客在心裡打問號的時候，說明顧客有懷疑態度，當顧客半信半疑的時候，他很難決定購買這個產品。寧願相信世上有鬼，也不相信業務員的嘴。一旦遇到這類顧客，靠嘴巴講道理是很難征服他的。應對不相信我在過往的經驗中往往是透過增加信任度的方式。搞清楚顧客最相信什麼？最相信誰？然後把那個他比較相信的人和事搬出來背書。靠權威資質、專利證書、獲獎證書、權威專家站臺、真人現身說法等，都是增加信任度的方法。過去賣保健品的經常請用過的消費者站出來展示使用效果。當然所有的宣傳證據必須符合國家法律、法規的要求，不能隨心所欲。

賣不起

　　如果顧客感覺太貴，他也會放棄購買。解決買不起的問題往往從兩個方面來分析。一種是市場定價錯位；推銷的客群根本不是自己的目標客戶，這種情況導致買不起。比如業務人員跑到農村向農民大叔推銷BMW一定會受到阻力，不管你的BMW效能多好，大叔會回你一句：我更喜歡農用三輪車，因為你的市場定位出現了錯誤。第二種情況：定價的確偏高了，超出了目標客戶的購買力，這種情況下可以透過調價、促銷等手段來解決。一定要具體問題具體分析，找到對應的解決措施。

第二章 使用者痛點與需求洞察

買不到

買不到更多是產品滲透率問題或鋪貨率低，顧客想買找不到哪裡能夠買到。這種情況就需要提供商品的鋪貨率。過去我們經常看到電視廣告打的滿天飛，消費者想買貨，滿大街跑，就是找不到哪裡能夠買到。解決買不到最直接、簡單的方法就是提高產品鋪貨率。

真實場景洞察法挖掘使用者需求

真實場景洞察法是我們做消費者研究時一項非常重要的研究工具，也是獲取第一手資料的重要方法和手段。場景洞察法在實踐過程中有三種方法：應用場景洞察法、購買場景洞察法、領先使用者法。接下來我來拆解三種方法的具體應用。

1. 購買場景洞察法

走進消費者的真實消費場景，在真實場景下觀察顧客的整個動線購買行為細節表現。根據觀察到的行為現象，進行點對點分析、深挖行為現象背後的購買邏輯和行為動機。在實作中我經常去一線現場，如：超市、大賣場、線上平臺，去發現顧客購買問題，隨時與顧客進行點對點溝通，然後挖掘背後的購買行為動機。

在過去我們曾在超市貨架旁邊按照鏡頭拍攝消費者整個自然狀態下的動線購物體驗和消費過程，然後再分析每一個細節反應。根據這些細節反應做深度分析，結合線上平臺數據作對比。了解消費者背後的行為動機。

2. 應用場景洞察法

走進使用者的生活圈子，與消費者交朋友，成為他的哥兒們和閨蜜，觀察他們的生活習慣和產品應用習慣，發現他應用產品時痛苦點、體驗爽點、以及行為習慣等特徵，把他記錄下來。針對體驗的痛點是產品的改進機會，針對爽點是產品固化機會，針對行為習慣是進行產品創新的機會，然後把問題分類，後面才能針對性的去改進。

應用場景洞察實作要點

讓消費者深度參與產品體驗，在自然狀態下觀察消費者使用產品的過程中的反應，並畫出全過程體驗圖譜，並在地圖上標注出體驗的興奮點和痛苦點（不爽的地方），最後形成一個產品體驗「路線導圖」，這種地圖就是後面做產品優化路線圖譜。

重點關注體驗過程中的情緒反應和潛意識動作表現。靜靜觀察他的第一情緒反應和潛意識動作，因為這兩點是最真實的，無法掩蓋的。

體驗結束後，讓使用者講出三個興奮點和三個不爽的地方，求證與自己觀察的結果是否一致，並追問興奮點背後的原因，不爽的原因及改進建議。

我有一個做電鍋的朋友，有一次他出差，晚上去朋友家，他發現朋友吃燉雞湯的方式有點不同。朋友燉雞湯是整隻雞丟在電鍋裡。燉好後把整隻雞撈出來然後喝雞湯，不怎麼吃雞肉，因其認為雞肉燉過營養都在雞湯裡。這種燉雞湯的習慣不一樣，是確保整隻雞不能破壞。所以他針對該區市場燉雞湯的習慣，專門開發一款燉雞湯的燉雞煲，上市後銷量很好。這就是走進消費者的生活，發現他們的應用習慣而做出來的產品。

3. 領先使用者法洞察法（KOL）

領先使用者理論：最早是美國麻省理工學院的埃里克教授（Eric Von Hippel）提出，埃里克教授指出領先客戶是產品創新的重要泉源。如：供應商、代理商、大客戶。意見領袖比較有話語權和代表性，用好「領先使用者」價值非常大。

我們採用領先使用者法的目的是提前讓領先使用者重度參與產品開發，參與產品概念、產品疊代等。在領先使用者領域小米的做法是大家學習的對象，小米起家最後只選擇了 100 名手機發燒友或重點部落客。在產品專案開始就深度參與到產品開發，這些粉絲對自己參與的開發的產品有深度的熱愛，最後形成口碑效應，本人既是消費者也是傳播者。

領先使用者操作的關鍵要點：一定是具有群體代表性和對特定群體具有一定的影響力、帶動效應。

從產品創新原點介入，全過程中參與產品設計與產品體驗改進。先進行產品體驗後進行點對點溝通解決，拿出一個模擬樣品給他體驗，讓他試用，然後談談體驗後的感受？或觀察體驗過程中反映。行為求證必須還原到真實場景中去。

我們做完研究，需要對研究結果進行分析，常用的分析方法包括：座標系法、關鍵要素分析法，接下來我介紹幾種座標系分析方法：

市場機會分析模型

1. 熱門商品機會挖掘模型

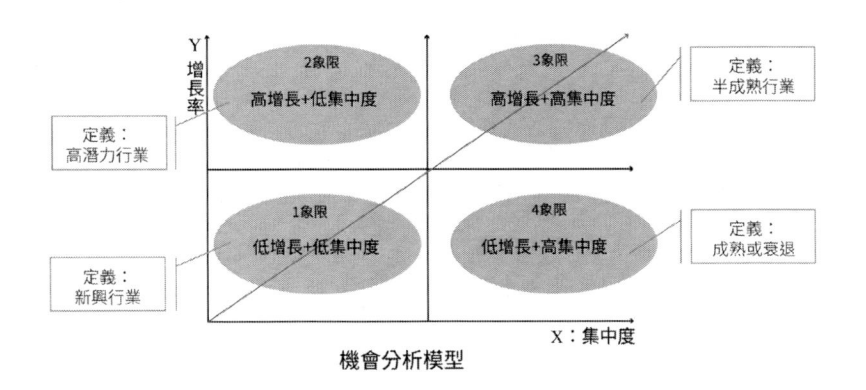

機會分析模型

（圖：Y軸為增長率，X軸為集中度）
- 1象限：低增長+低集中度 — 定義：新興行業
- 2象限：高增長+低集中度 — 定義：高潛力行業
- 3象限：高增長+高集中度 — 定義：半成熟行業
- 4象限：低增長+高集中度 — 定義：成熟或衰退

機會模型同樣是有兩個分析維度，一個維度看增長率，另一個維度看市場占有率或產業集中度。

第一象限特徵是低增長，低集中度；

這種特徵往往是屬於新興產業的一種特徵。我把他定義為新興產業。面對新興產業要進行評價是否與企業未來策略一致，如果一直在判斷未來的前景，是否需要提前布局。

第二象限特徵高增長，低集中度；

增速特別快，且集中度低，這種情況往往是企業介入的最佳時機，從投資的角度就是B點介最佳介入點。我們看外部機會往往是找到第二象限的機會。

049

第三象限高增長，高集中度；

這些情況往往是產業接近成熟期，處於壟斷競爭階段，出現產業龍頭，但是產業紅利還存在。這種情況對有實力的大企業來說也存在介入機會，但是對小企業來說進入的成本就比較高。

第四象限低增長，高集中度；

這種情況往往是進入成熟期或衰退期，進入衰退期的產業往往是需要迴避的。

2. 熱門商品機會與能力模型

我做產品常常會從兩個維度去研究市場，一個維度是從外部看機會，也就是說外面存在哪些市場。另一個維度是從內部看企業能力，也是基於外部的機會，需要具備哪些能力能夠抓住這些機會，自身已經具備哪些能力，哪些能力還未具備。

在這個矩陣劃分四個象限：

第一個象限特徵是無機會，無能力；

這種情況作為企業往往是需要迴避的領域。

第二象限是有機會，無能力；

這種情況定義為潛在機會，如果機會符合企業發展策略，我們可以根據機會的需求來培養抓機會的能力。如果機會不符合企業的發展策略，這種機會也是要放棄的。

第三象限是有機會，有能力；

這種情況是最符合企業發展要求的，一般企業需要聚焦在既有機會

又有能力的象限,進行策略性投入。

第四象限是無機會,有能力;

這種情況下是基於自身優勢去創造機會。機會從哪裡來?或者如何去挖掘機會,在第一個模型基礎上可以延伸出「機會模型」,機會也是屬於矩陣分析法的一種。如下圖所示:

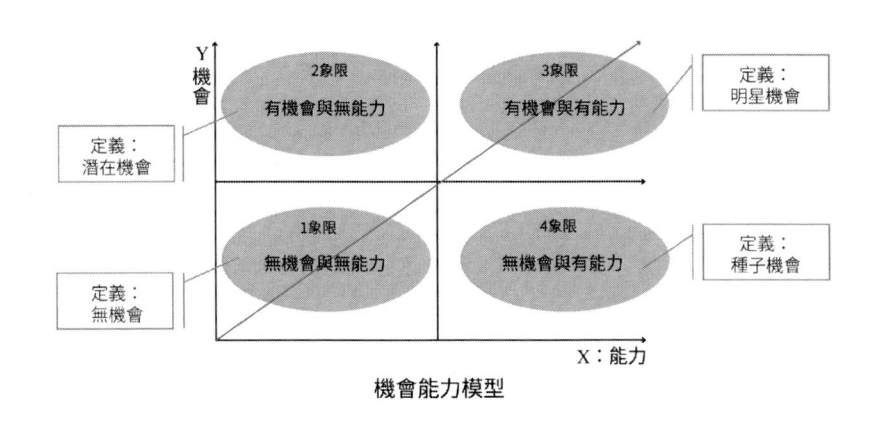

```
                    Y
                    機會
        ┌─────────────┬─────────────┐
        │   2象限     │   3象限     │   定義:
潛在機會 │ 有機會與無能力│ 有機會與有能力│   明星機會
        ├─────────────┼─────────────┤
        │   1象限     │   4象限     │   定義:
無機會   │ 無機會與無能力│ 無機會與有能力│   種子機會
        └─────────────┴─────────────┘
                              X:能力
              機會能力模型
```

3. 熱門商品分析模型

適用範圍:

用於產品機會挖掘和產品持續優化;產品分析模式往往是分析產品缺陷,提供優化機會,和挖掘市場需求,尋找產品創新機會的方法工具。

有兩個維度:一個需求的維度,另一個是滿足維度。

第一象限是弱需求,已滿足;

這種情況往往是產品的雷區,一定不能進入。

051

第二象限是強需求，未滿足；

這種情況是產品創新區，市場存在強需求，但是已經滿足，可以透過創新的路徑，來替代過去的滿足方式。

第三象限是強需求，未滿足；

第三象限是開發產品的目標區域，市場有很強的硬性需求，而且沒有得到滿足，存在很強的產業增長紅利。

第四象限是弱需求，未滿足；

我把他定義為優化區。找到什麼是弱需求，這種弱需求能不能透過培養、引導、改進變成強需求。

產品分析模型的關鍵要點：

重點挖掘第一象限和第二象限的強需求，圍繞強需求點開展創新活動，開發熱門商品。

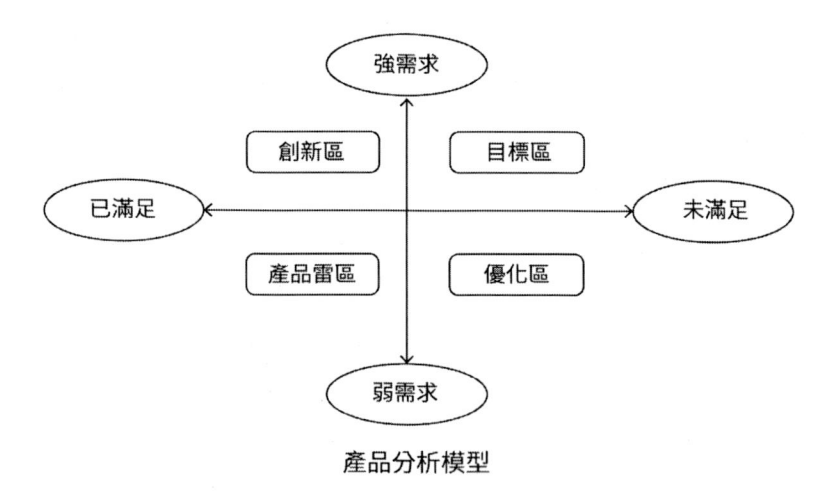

產品分析模型

4. 產品關鍵成功要素分析模型

關鍵要素分析中我們經常會用到兩種方式：一種是遞進式分析，另一種是結構性分析。

關鍵要素遞進式分析

採用剝洋蔥式的層層拆解，直達問題的本質。即：基於一個「問題事實」出發，找到引發問題產生的關鍵影響要素，然後去分析這些要素是如何影響問題產生的，這些各要素之間又是如何相互影響的。最後形成「歸一性」結論。他的分析邏輯是先確定需要解決的核心問題，然後找到影響問題的關鍵影響因子。如圖所示：

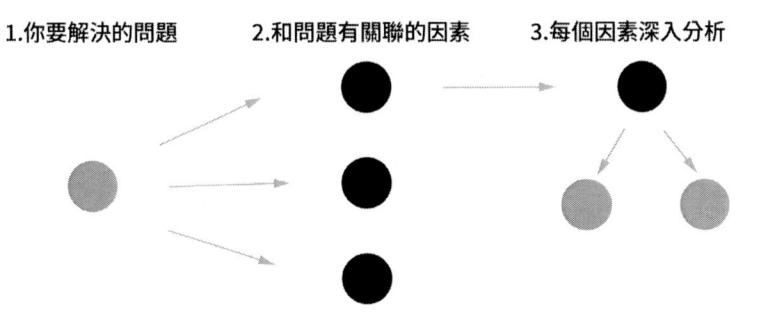

1. 你要解決的問題　　2. 和問題有關聯的因素　　3. 每個因素深入分析

我們做行銷常用的方法就是關鍵要素遞進式分析法，比如先找到行銷的關鍵要素，我們通常會從 4P 要素出發，即：產品要素、價格要素、通路要素、推廣要素等。然後再去分析各要求之間的相互關係。

影響產品要素：需求、產品功能設計、外觀設計等。

影響價格要素：成本、競爭者價格、效率等。

影響通路要素：通路類型、通路成本、通路關係等

影響推廣要素：推廣主題、推廣形式、推廣通路等。

第二章　使用者痛點與需求洞察

透過層層遞進最終找到影響問題產生的最核心的那個驅動要素，作為解決問題的入手點。

關鍵要素結構化分析模型

關鍵要素結構化分析是從各個維度進行分析，最後找到各維度的共性點和交集點，作為入手點。結構化模型分析是由多維度向一個核心點聚焦，找交集點。與關鍵要素遞進式分析法的區別是：一個是從一個點出發，層層遞進。結構分析是從多個維度出發找交集，也是統計學上的收斂性分析，透過化繁為簡，最終找到多個維度的一個交集點或共性點，作為解決問題的入手點。如下圖結構模型：

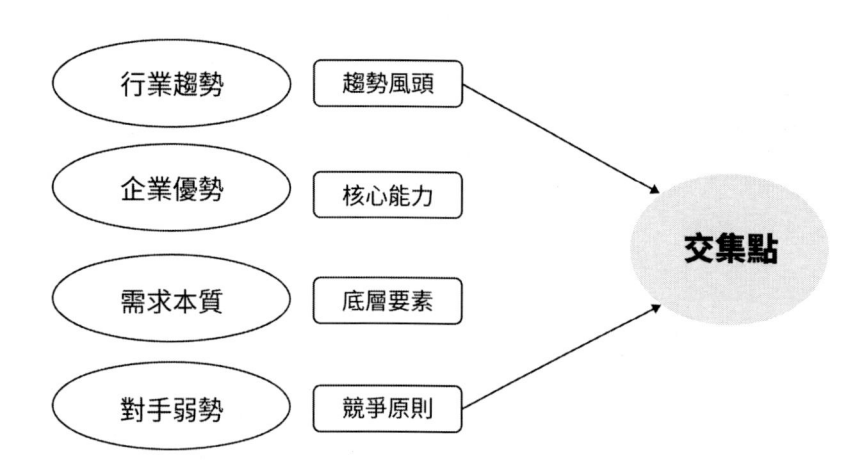

```
行業趨勢 ── 趨勢風頭 ┐
                    │
企業優勢 ── 核心能力 ┤
                    ├──→ 交集點
需求本質 ── 底層要素 ┤
                    │
對手弱勢 ── 競爭原則 ┘
```

第三章　整體產品設計與熱門商品創新

商品開發的五種思維

　　任何時候思路決定出路，一個人的思維會影響他的行為，隨著商業環境的變遷，消費觀念的變化，結合我十多年的產品管理經驗和當下的市場環境我提煉出五種熱門商品開發的思維模式。

1. 使用者思維

　　為什麼是使用者思維，非客戶思維，回答這個問題首先我們要搞清楚使用者與客戶的區別在哪裡，使用者通常情況下是指產品最終購買者或使用者。客戶通常情況下是指通路商、代理商、中間商等，也就是在銷售價值鏈中充當價值傳遞、價值交付的角色。我們通常把他稱作客戶。十年前我主導開發新產品，往往是客戶思維，為什麼十年前可以是客戶思維呢？因為在那個時代產品稀缺，消費品牌意識比較低，通路就擁有交易的掌控權，給什麼產品，顧客就接受什麼產品。在這種條件下適合客戶思維，因為客戶思維做產品效率高，工作量小。過去開發產品只需要跑到客戶那裡，坐在辦公室裡做個訪談、了解客戶需求，回去就開發新品，然後召集客戶開訂貨會，十年前開發新品就是按照這個套路來執行。現在商業環境發生了巨大變化，再採用客戶思維已經失效了，必須回到使用者思維，產

第三章　整體產品設計與熱門商品創新

品開發的起點是源自使用者需求，要尊重消費者內心感受。做產品最怕的是「自我定義產品」，就是一群產品人坐在辦公室裡閉門造車，想出一個產品概念，理想很豐滿，現實很骨感。這就是當下使用者思維的價值。使用者思維的轉變不是胡思亂想出來的，是源自當下的實踐，主要是考慮以下三個方面的變化，啟發我提出使用者思維。

交易決定權發生轉移；90世代、00世代崛起，進入主權消費時代，顧客的品牌意識在提高，導致通路對交易掌控權力變得越來越弱，過去消費者口渴了，買飲料會跟店員說：拿瓶飲料，等顧客話音剛落，店員隨手拿瓶飲料，不管是果汁、茶、碳酸飲料、運動飲料，店員給什麼飲料，消費者接受什麼飲料，那個時候消費者不會太挑剔，也沒有對品牌挑三揀四的意識。現在買飲料，顧客會說：老闆我要一瓶A牌冰紅茶，B牌礦泉水，店老闆如果給顧客其他品牌的飲料，顧客真會不給面子，他們有權拒絕。他會說：不好意思，我不喜歡這個品牌。我在一家飲料品牌供職時曾經發過一個小插曲，業務員送貨到超市，貨到的時候老闆剛好出去了，老闆娘說：現在老闆不在家，貨款給不了，我現在已經缺貨了，能不能先把貨卸下來，我先賣，你哪天有空了過來拿貨款。還沒等老闆娘把話說完，業務員馬上說：我先把貨拉走，等老闆回來了，有錢了，我再過來送貨，一邊說一邊往車上裝貨，老闆娘氣的火冒三丈，說到：老娘從今以後不賣你們家！結果沒過幾天，老闆打電話過來又讓業務員送貨，我對這件事就很好奇，專門過去探個究竟。我過去和老闆娘開玩笑說：你們不是打算以後不賣我們家飲料了嗎？老闆娘裝腔作勢的說：你們牌子大，沒辦法，有些人過來買餅乾，就指定要你們的飲料，沒飲料他餅乾也不買了。這就是使用者的霸權主義，我要的東西你沒有，你有的東西我也可以不買。

需求相對穩定性；美國工業協會曾有個統計結果，產品失敗45%歸於沒有讀懂消費者內心的渴望，很多新產品都是管理者想當然、自我定義導致的失敗。使用者層面的需求是相對比較穩定，需求的本質在使用者層面，最終買單的是使用者，最終使用產品的也是使用者，所以產品起點是源自使用者的內心。開發產品一定是使用者價值為導向，想清楚，搞清楚產品真正為誰解決問題，解決使用者哪方面的問題？產品所要解決的問題一定是客戶面臨的真實問題，是客戶真正想要解決的問題，不是商家想要幫他解決的問題，自我定義產品思維就是商家自己一廂情願的想要為客戶解決的問題，這種思維失敗率高就不難理解了。

眼光前瞻性；市場成熟度越來越高，對產品開發的專業度要求也越來越高，客戶往往缺乏前瞻性眼光，很多客戶做生意單純為了賺錢，客戶的思維也難免會受短期利益吸引給出一些建議或意見，甚至有些意見會誤導產品經理。

總之：在消費主權時代，誰離使用者越近，誰就越懂使用者，越懂使用者越容易搞定使用者。使用者思維就要走進使用者的生活，成為使用者的知心閨蜜，成為哥兒們，讀懂使用者的心聲，不要把使用者當上帝，說顧客是上帝往往都是掛在嘴上的口號，沒有放在心裡的上帝，最後都成了擺設。要把使用者當朋友，只有當朋友你才會與使用者交心，這也是近兩年粉絲經濟、使用者營運越來越被重視的原因。

2. 品類思維

品類是消費者購買產品的第一入口，品類思維就是幫助顧客做選擇。顧客在購買產品時首先想到的是品類，而不是產品，因為人類的大

腦具有自動分類機制，進化論研究的結果：分類機制是人類高效認知世界的一種簡化方式。早期有瑞典生物學家林奈（Carl Linnaeus）提出的自然分類法：界、門、綱、目、科、屬、種，我們在學校都是學過的。人類大腦的底層機制是相同的，放到消費者行為學裡也是相通的，大腦的自動分類功能依然適合消費者選擇的邏輯，當消費者產生某種需求時，他會按照品類──品牌──品項的選擇邏輯。消費者口渴了，他首先會想到他需要的品類，比如：礦泉水、茶飲料、碳酸飲料、果汁、汽水等等，比較注重健康的消費者，他會選擇礦泉水，當顧客確定水的品類以後，再好的碳酸飲料、汽水、果汁等都會被淘汰掉，大腦的這種自然淘汰機制，不是產品不好，而且是品類選擇的結果，當確定品類以後，就會進入品牌選擇階段，他在多個礦泉水品牌裡選擇他偏好的品牌，比如：泰山、悅氏等等，如果他選擇了一品牌，大腦的思考會自動進入品項選擇。在品項選擇時他會考慮實用場景，如果他是圖方便，他會購買330ml 小瓶裝，圖實惠他會買 1.5L 的大瓶裝，通常消費會選擇 600ml 的大眾包裝。從這個邏輯看來品類的歸屬就變得非常重要，如果第一步品類都無法進入顧客心智，就算你的產品再完美也沒有勝出的機會。從邏輯上感覺很複雜，其實大腦在思考問題時，跑完這個整個過程時間非常短，只有幾秒的時間，大腦的運轉速度遠遠超過我們的想像，尤其在感情思維層面是靠潛意識在做判斷，感性思維的速度是理性思維的 3,000 倍，基於這一基礎，我曾為新加坡企業做個一個研究課題，提出 15 秒效應。作為一般產品，顧客的決定基本在 15 秒以內就決定了行動，當年我在超市裡做研究，收集了大量的消費者樣本，發現結論是一致的。後來我幫業務員做培訓就提煉一句七字口訣，要求每個業務員都把這七字口訣爛在心裡，如果在 15 秒之內沒有打動顧客，後面打動顧客的難度會加大。根據人的思維習慣，如果超過 15 秒還沒有產生興趣或引起注意，消

費者心裡往往會出現三種負面情況：第一、顧客開始變得越來越挑剔；第二、顧客會對產品的期望值提高，期望值的提高，相對滿意度就會下降；第三、他會反覆與其他品牌進行比較，比較的目的就是要找到產品的不足，說服自己的內心不要購買。

大腦機制的 1：3：7 原則

1：就是第一性原則；顧客對具有第一性或唯一性特徵的產品情有獨鍾，突出成為第一或唯一的品類特徵，就建立天然的品類壁壘。前面我已經提到過第一性和唯一的重要性。

3：代表大部分人的品類記憶邊界；對同一個產業，一般只能記住三個品牌，三以外的哪些品牌就比較困難了。

7：代表人類大腦記憶力極限；現在任何人能夠叫出一個產業七個品牌的非常困難，哪怕他對某個產業非常熟悉，也難以喊出七個品牌，所以做品牌如果我們進入不了前七，基本都是靠聽天由命的活著。

我們在品類定位實作過程中往往會考慮三個重要的因素：品類選擇在企業發展策略方向上；品類規模要足夠大；只有大池塘才能養出大魚，泥水溝不可能養出鯊魚來。依據自身的資源和能力，大機率自己能夠成為品類頭牌；只有成為某個品類的頭牌，顧客想到某個品類時才會立刻想到你。

3. 用點打面的思維

用點打面就是聚焦核心點，透過核心點來打通產品面。在挖掘需求過程中我們往往是聚焦主流使用者，主流使用者的一級痛點，一級痛點在主流場景下的高頻率應用，把這個點做到極致，作為產品的突破點。

用這一個極致點來打通整個產品鏈,帶動產品的其他功能和應用。

在實際執行過程中往往從主流使用者中篩選領先使用者,用領先使用者的影響力來帶動大眾使用者。用一級痛點來帶動癢點問題,一級痛點建立顧客信任,他才可能會解決癢點問題。用高頻率應用帶動低頻率應用,只有高頻率應用征服了使用者,產生使用者黏著度,才可能帶動低頻率應用。用主流場景帶動多元化場景,讓人隨時、隨地有某種需求時,都會想到這個產品,慢慢培養使用者習慣。

用核心點來打通產品面

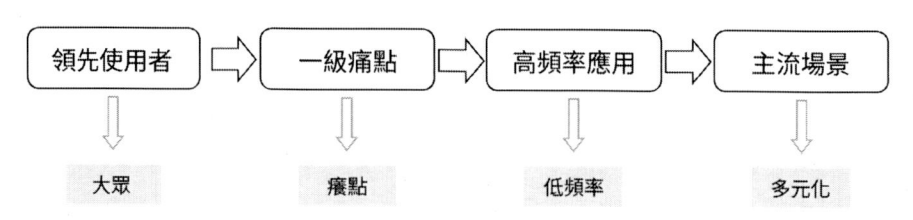

領先使用者 ⇒ 一級痛點 ⇒ 高頻率應用 ⇒ 主流場景
⇓　　　　　　⇓　　　　　　⇓　　　　　　⇓
大眾　　　　　癢點　　　　　低頻率　　　　多元化

在通訊軟體沒有出現之前,通訊費很貴,往往大事用電話,小事發簡訊,尤其我們那個時代的大學生,大家基本都是習慣用簡訊交流,方便、更省錢。簡訊雖然相對打電話是省錢,發一則簡訊:在嗎?對方回覆:在的,幾塊錢已經沒有了,一封一塊錢,結果四塊錢還沒有進入事情的正題。關鍵是每條簡訊還有字數限制,一則簡訊大概 60 個字以內。作為那個時代的窮大學生發簡訊感覺比恐龍時代發電報都貴。通訊軟體就發現了這個使用者痛點,不知道發心是不是可憐窮人,就推出了通訊社交軟體,並且採用一招:Free(免費),對簡訊來說真是一劍封喉,直接導致使用簡訊的人斷崖式下跌,通訊軟體不但可以發文字,還可以發語音、發圖片、發影片,而且一切免費才是殺手鐧,最後一步步走向今天的輝煌。

4. 整體產品思維

最近幾年很多產品經理慢慢具備了整體產品思維的意識，這個是很難得的，我們在考慮一款產品時必須有完整產品思維的意識，而不是考慮單點。整體產品思維，不同的專家、學者給出的定義、層次是不一樣的。不管哪個專家給出的定義最終返璞歸真，萬變不離其宗。最早提出整體產品概念的是美國行銷大師科特勒（Philip Kotler），他把產品分為三個層次：第一層是核心產品；就是產品的核心應用功能。第二層是形式層；就是大家能夠看到、摸到、直接感受到的內容，比如：外觀、品牌、品質、包裝、產品形態等。第三層是延伸層；延伸層更側重於售後服務內容，比如：免費送貨、免費安裝、資金授信、付款週期、以舊換新等，都屬於延伸層產品，隨著行銷學的發展，後面一些行銷學者又提出潛在產品，就是關於產品線未來的延伸方向等。我們做產品至少要思考到三個層次，不能只考慮單點，很多產品的失敗都是基於單點考慮，或叫點子產品，源自老闆的一個想法出發，由於缺乏整體產品思維導致產品高失敗率。整體產品思維與新人類的需求層次是一致的。

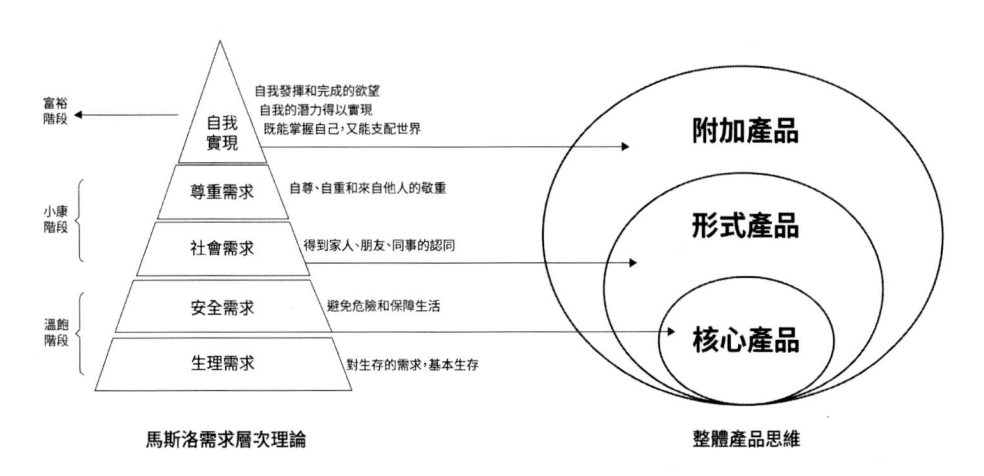

馬斯洛需求層次理論　　　　　　　整體產品思維

第三章 整體產品設計與熱門商品創新

　　我們買過家具的很多人都可能去過宜家家居店，你去宜家家居店時你就會想到他們的整體產品思維。宜家家居核心產品設計從功能上有講究；在外觀設計、到使用者組裝體驗，每個環節都是精心設計過的。他的使用者體驗設計從售前就已經開始了，你去宜家店買家具，業務員不急著推銷家具給你，而是先讓你體驗他們家具的舒適度，所以宜家提出讓顧客在宜家就要有家的感覺，服務要有儀式感。據了解他們現在服務又提高了一步，宜家裡有體驗館，顧客要買他們的床，可以在體驗館裡感受一下他們的床躺在上面舒不舒適，在宜家真正讓顧客找到家的感覺。如果你感覺他們的床讓你不夠舒適，直接走人，他們絕對不會攔你，如果你感受到舒適，現場下單走人，隨後他們會派人送貨上門。他們還有售後的貼心回訪、家居保養，讓下次買家居的時候第一個想到的是宜家家居。

5. 產業生態思維

　　過去很多企業家認為企業間的競爭本質上是產業鏈直接的競爭，很多企業強調產業鏈，一些產業領頭企業為了提升自身的競爭力，採用全產業鏈經營模式，透過全產業鏈協同效應提升企業競爭力。現在各個產能都過剩了，產業鏈競爭優勢顯然沒有那麼明顯了，過去產業鏈的優勢在於你需要的東西有可能買不到，自己擁有全產業鏈結構，透過內部產業鏈協同效應來解決自己的劣勢，現在產能過剩的時代，買不到配套的商品或服務這種情況已經不存在了，所以當下更需要產業生態思維。產業鏈思維與產業生態思維本質的區別在於產業內的循環賦能效應。產業鏈是單項循環，單項賦能。比如：肉製品企業屬於產業鏈模式，從種豬

繁育、養殖、屠宰、加工，他是沿著產業鏈的發展規律自上而下的發展，下游是為了承接上游的業務或者是上游的業務延伸，產業鏈沒有迴路賦能或者說反向賦能效應很低。

產業生態模式最大的優勢是有迴路，產業生態各個環節之間是雙向賦能、相互導流、相互賦能效應。

我們現在做管理諮商、企業培訓也是採用產業生態模式，靠單一的業務模式面臨的生存壓力越來越大了。我們培訓業務往往是個流量入口，透過培訓為諮商來導流，在透過諮商深化客戶關係，對企業有個深度的了解，為下一步的投資賦能。很多做投資的都知道，投資失敗90%以上是訊息的不對稱性，你不知道企業的漏洞在哪裡，沒投資前覺得企業很完美，錢投進去了才發現企業滿身是病，很多企業病一時半會又沒辦法治，意識到漏洞的時候已經來不及了。所以我們就用諮商來幫投資業務打補丁，透過諮商來幫助投資進行風險管理，諮商剛好與投資形成優勢互補，因為諮商公司是幫企業解決問題的，甲方為了想占便宜，他往往會把小病說成大病，簡單的病說出疑難雜症，就是想盡一切辦法讓你解決他所有問題。當他把所有問題都暴露出來的時候，我們也就對這家企業有了更多的了解，如果你是投資人，想透過投資盡職調查是很難挖掘到這些問題的，上市公司對調查人員往往都是報喜不報憂的。同時我在投資和諮商領域也累積了很多成功的方法論，也可以透過培訓進行有效的輸出這些方法論，這就是我做生意的生態模式。

在具體執行上，我們一定著眼企業策略，知道企業策略優勢在哪裡？應該在哪裡扎根，尋找好的土壤，這個土壤就是建構生態的基礎。思考企業策略核心、產業生態鏈，自己的生意出在產業生態的哪個位置？產業生態鏈依附於哪個經濟體，這個經濟體週期處在哪個階段？上

第三章　整體產品設計與熱門商品創新

升趨勢，還是下降趨勢，經濟體規模有多大、未來的增長機會在哪裡？產業生態鏈控制點在哪裡？企業策略對產業鏈的控制力如何？

早期做外貿容易賺錢，是因為外部生意搭載了出口拉動的經濟體上，所以做外貿的生意都不錯。過去 30 年亞洲很多富豪都是做房地產出身的，因為房地產趕上了投資拉動的經濟體，網際網路紅利的爆發是搭載了網際網路經濟體。未來產業機會應該是數位＋消費更新的經濟體為主基調，以這個經濟體為導向來建構產業生態，這就是產業思維的價值所在。

商品開發的四大原則

1. 順勢原則

順勢原則顧名思義是遵守產業發展趨勢，我把他概括為：明道取勢，順勢而為。我最早接觸這個概念是在大學讀書時，那個時候投資學老師一直強調一個觀點，做投資一定選擇左側交易非右側交易，當時不懂為什麼選擇左側交易，現在明白了左側是產業週期的上升期，右側是下降期。有人也曾問過雷軍這麼多年來做企業最大的感悟是什麼？雷軍最後總結兩個字「趨勢」，必須順勢而為之。國外一家嬰幼兒用品知名企業，其前身是電器品牌，一家賣電器的區域品牌，熟悉電器零售業的人都知道，這個產業競爭非常激烈，我當年做過電器專題市場研究，市場研究完我深刻的體會到電器產業的不易。據說該電器品牌的老闆當年他困惑的時候曾跑去美國取經，有位美國大咖告訴他：任何產業都是有自

身發展規律的，做生意一定要選擇產業週期的左側，而非右側，透過年複合增長率可以判斷產業週期。他聽到這句話突然頓悟了，英雄所見略同。他意識到家電產業處於產業週期的右側，母嬰用品在產業週期的左側，他回來經過深思熟慮後就把電器品牌賣給了美國企業，自己帶著原來的老員工開始進軍母嬰用品，後來證明他的判斷是對的。母嬰用品是高頻率需求，兒童奶粉、尿布每週買一次，絕對的高頻率需求。做電器生意，賣一臺電器，顧客用半輩子都不一定會換。所以做熱門商品一定要選對產業和品類，發展趨勢是成功的必要條件，尤其是品類趨勢更為重要。

2. 策略導向原則

開發熱門商品一定是基於企業策略出發，絕非投機。換句話說：開發熱門商品一定要落在企業發展策略線上，產品是企業策略線上形成的一系列點。如果企業開發熱門商品腳踩西瓜皮，滑到哪裡算哪裡，不但產品開發成功率低，而且對企業資源消耗大，內部協同效率低，更不利於企業資源累積和核心競爭力的累積。在我管理產品十多年的經歷來看，有失敗的案例，也有很多成功的案例，我曾經總結過失敗案例教訓和成功案例的經驗。發現只要是機會主義開始的新產品80%都是失敗的。成功的產品90%以上都基於企業策略出發，有計畫、有節奏地推進的產品開發。

做熱門商品一定要有策略眼光，找到具有長期策略意義的大機會，而不是做個投機分子追求短期賺點快錢。很多企業，尤其是民營企業很喜歡追求大而全，看不上小而美，缺乏策略規劃，像風一樣的做產品，

看到機會就想抓，老闆拍腦袋、研發人員拍胸脯、業務人員拍屁股的模式。最後的結局是機會不但沒有抓住，反而消耗了很多企業資源，這就叫偷雞不著蝕把米。

3. 第一性原則

第一性原則就是追求產業的頭牌，成為品類的代表者。因為在產業過剩的時代消費者只能記住第一或唯一。

我做培訓時經常會做一個測試，問大家世界上最高的山峰是哪一個。90% 的人都能回答出來是喜馬拉雅山脈的聖母峰；當我問大家世界上第二大高峰時，只有 10% 的人能夠回答出來是「喬戈里峰」，能夠回答喬戈里峰的人我發現他們有一個共性特徵：都是喜歡旅遊的人，喜歡旅遊自然地理常識非常豐富，他們知道哪裡有好玩的地方。喬戈里峰自然也是他們關注的對象。第一性原理告訴我們一個道理：十樣會不如三樣好，三樣好不如一樣絕，絕到無人替代、無人能夠模仿，自然就能得天下。GE 前董事長傑克．威爾許當年為 GE 定的前三名策略：要麼成為前三，要麼死掉。根據這前三策略，GE 涉足的領域都要進入產業前三，進不了前三的業務要麼關掉，要麼賣掉，當年 GE 甚至把起家的電器業務都賣掉過，選擇一些確保能夠進入前三的新興領域，如：醫療領域、金融領域。傑克．威爾許曾一度把 GE 帶到世界上市值最高的公司。根據產業競爭規律，在產業內做不到數一數二，就會淪為不三不四，最後不倫不類。我曾有一位客戶一心想做多元化，很多產業都想進去闖一闖，他的企業經營範圍涉及：食品飲料、房地產、保健品、美容美髮等，除了棺材不做，什麼產業都想涉足，美其名曰：企業要不斷創新。企業盲目

多元化的結果：跳下去是個坑，爬出來留座墳。最後自己總結一條經驗：進入哪個產業，哪個產業不行，自己都快成為產業剋星了，他卻從來不去反思是盲目多元化的結果。

我當年做投資時，曾請教過一位大師，我問他做投資最怕什麼？他說：我最怕資金剛投下去，他拿了我的錢就開始多元化擴張。我投資的企業不怕那個掌舵人不專業，就怕亂專業，啥都想做。這也是我過去做投資換來的血的教訓。後來我選擇投資對象，只要一看企業經營範圍從金融、網際網路、休閒娛樂都涉及的，再好的專案一概不投。有些領域根本不是自己擅長的事，自己在某個領域本來就是一隻弱小的羔羊，不好好在羊群裡待著，非要跑到狼群裡去送死，有句俗話說的非常好：一個人是無法賺到他能力邊界之外的錢，想想這句話太有道理了，是豬就別和鳥比誰飛的更高。 聚焦在自己確保能夠成為品類第一的領域去開發熱門商品才是成功的王道。

4. 差異化原則

差異化原則的本質就是突出不同，在定位理論裡有一個核心觀點：不同勝過更好。英國經濟學家張伯倫（Edward Chamberlin）、霍特林（Harold Hotelling）曾在企業競爭優勢提出：差異化是企業獲得競爭優勢的一個重要途徑；差異化可以弱化競爭、降低顧客價格敏感度、提升產品差異化溢價能力。

過去我做產品時，經常強調一個觀點：不怕產品沒優點，就怕產品沒特點。在琳瑯滿目的產品堆裡，在各種紅海競爭中，如果產品沒有差異化，就會被競品輕而易舉的淹沒掉，哪怕是綠葉堆裡一點紅，都可能

第三章　整體產品設計與熱門商品創新

是產品成功的引爆點。我原來做諮商時有個女同事，身材不及他人優雅，五官不及他人唯美，但是這位女同事有一個很大的自信點，就是皮膚白。她經常掛在嘴上的一句話：一白遮百醜。在差異化執行時，往往從以下幾個方面找切入點：品類差異化、概念差異化、功能差異化、包裝差異化、原料差異化、工藝差異化、形態差異化、服務差異化等。

商品成功的三個根基

萬事萬物發展的驅動力都源自根基的牢固性，任何脫離根基都是無本之木，同樣熱門商品開發也需要三個根基來支撐他能否成為熱門商品。熱門商品成功建立在三大根基上：使用者認知與聯想、痛點與硬性需求、場景與習慣。

1. 使用者原始認知與價值聯想

使用者原始認知和價值聯想是開發熱門商品的第一個根基，是提煉產品概念的原點。人是有情感的動物，有了情感就會產生情緒，情緒的產生受認知和價值聯想影響。比如一個人對某個事物的認知是正面的或者好的，就會表現出積極的情緒，一個人對壞人的認知就會產生消極的情緒。一個人的認知的形成與個人成長經歷有關，經過長期的累積和沉澱形成的，所以我把他成為原始認知，原始認知是根深蒂固的，不會輕易改變。所以做產品不要指望能夠改變消費者的原始認知，否則會付出很大的代價。原始認知就是在不需要作任何解釋的情況顧客第一印象認為是什麼？第一印象特別重要，你也就只有 15 秒的機會，在 15 秒之內

顧客對你的認知是什麼非常重要。好比女孩找對象,女孩第一眼瞄上你,感覺有沒有眼緣,其實就是15秒的時間就決定了,我把他稱為打動顧客的15秒效應。關於原始認知又分為清晰的認知和模糊認知。清晰認知就是不需要解釋顧客就非常明白,顧客往往對自己熟悉的品類都會有清晰的認知,你對你熟悉的朋友就會比較了解,他的品性、學識等都會有一個清晰的認知。模糊認知就是不太清楚,需要經過解釋才能明白。別人問及一個你不熟悉的人,你不了解時,很難對陌生人進行評價是同樣的道理。當年王老吉做涼茶時,提及涼茶這個品類概念,廣東人都知道涼茶是什麼,因為廣東人夏天有喝涼茶的習慣。溫州人對涼茶也有清晰的認知,因為溫州人號稱亞洲的猶太人,在廣州做生意的人特別多。不在這兩區的人對涼茶飲料的認知就比較模糊。所以涼茶企業早期市場主要集中在廣東和溫州等一些區域市場,透過廣告教育消費者才逐步走向大眾化。關於認知的研究還有兩個核心觀點。第一個觀點是:在認知的世界裡不同認知層次的人對同一事物的認知是不同的。城市人和農村人生活在不同的環境裡,同樣的事情就會擁有不同的認知角度。城市人去菜市場買菜更偏好購買排骨,因為城市人認為排骨的營養價值比肉更高,所以城市裡排骨價格往往比肉貴。而農村人認為肉的營養價值更高,排骨就是骨頭,吃一半扔一半,感覺非常不划算。所以同樣的價格農村人會更偏好購買純肉,過去在農村買排骨,稱重時都需要把排骨的重量扣除掉,骨頭不能算錢的,我小時候在農村市場買肉都是買肉送骨頭。同樣城市裡魚頭也是比魚肉貴,農村人買魚回來都是把魚頭切下來餵貓,很少有人吃魚頭。關於認知的第二個觀點:一個人的認知不會超越他的眼界。認知的形成過程是基於個人經歷和視野形成歷史參考。所以一個人經歷和眼界往往決定了一個人的認知高度。井底之蛙對天的認知是天只有井口這麼大,鳥告訴青蛙天是無邊無際的,打死青蛙都不

信。因為青蛙每天抬頭看到的天只有井口這麼大，就形成了青蛙對天的認知。哥倫布發現新大陸之前人類對地球的認知是「天圓地方」，地球是有邊界的。哥倫布航行一圈回來告訴人們說地球是圓的，剛開始大家覺得哥倫布胡說八道，因為人們看到的地面就是平的。當然科學發展到今天就很少有人去懷疑地球是圓的學說了。這就是關於認知的理論基礎。

價值聯想；價值聯想又分為：正面聯想和負面聯想。正面的價值聯想是指消費者能夠想到什麼好處。負面的價值聯想是指能夠想到什麼壞處。顧客看到某個事物會先聯想到什麼？想到好處多，還是壞處多，是先想到好處，還是先想到壞處，這些都是需要深入研究的。同樣認知和價值聯想是一致的，先有認知再形成價值聯想。搞清楚原始認知和價值聯想是做產品原點。

2. 痛點與硬性需求

做行銷的人經常掛在嘴上的一句話：關注顧客需求，從顧客需求出發。其實很多人沒有思考過，需求從哪裡來？需求的原點是源自痛點和癢點，由於顧客感受到了痛和癢，他想消除痛和癢就會延伸出顧客需求來。所以顧客需求是分層次的，一級痛點才會延伸出硬性需求，一級痛點和高頻率硬性需求尤其重要。所以一級痛點和高頻率硬性需求是做熱門商品的第二大根基。比如一個人有幾根白頭髮，他知道白頭髮不會死人，可治也可不治。對特別講究形象的人可能會有治療的需求，早一天晚一天治療都可以，他就不會著急治療，不著急就不是硬性需求。如果一個人患了闌尾炎，這個病非常痛苦，它就是硬性需求，沒辦法拖延，必須馬上治療。所以抓痛點和硬性需求是設計產品功能的根基。提及高

頻率這個概念，如何去盤點高頻率呢？這個在實作過程中看起來是比較難的，其實也是有方法的。我的經驗是看一個產品是否存在高頻率，會從兩個方面去判斷：第一個指標：使用者是否願意在這類產品上花時間或者看使用者願意在上面花多少時間，是否能夠讓他上癮，我告訴大家如果使用者不願意花時間在一個產品上，他一定不會在上面花錢，其實和找對象一樣，如果一個男人不願意為女人花時間，想讓他為這個女人花錢是更難的事。第二個指標：產品與人體的距離，往往距離人體越近，使用的頻率越高。看看身邊的產品就知道了，話機和手機哪個產品的使用頻率高？手提電腦和桌上型電腦哪個產品使用頻率高？不言而喻。

3. 體驗場景和體驗習慣

體驗場景和體驗習慣是開發熱門商品的第三大根基。體驗場景和體驗習慣往往是很多產品經理比較容易忽視的一個關鍵要素。做熱門商品一定不能脫離使用者體驗場景和使用者習慣，尤其是高頻率的應用場景非常重要。我原來服務一家做飲用水的企業，他們的產品經理就是坐在辦公室想出來一款產品創意，美其名曰「苗條裝飲用水」，把產品包裝做的細長條形狀。我在走訪超市時發現別家的產品都是放在貨架上，他們家產品都是放在地上。我就很好奇的問為什麼你們產品都被超市放在地上，你們連基本的陳列常識都不知道嗎，他們負責超市的業務員很委屈的說：不是我們不想放貨架上，也不是超市不願意放貨架上，關鍵是這個苗條裝瓶子設計的太長了，遠遠超出貨架的高度，產品放不進貨架啊。這麼一說我才恍然清楚了原因，真是閉門造車害死人。設計產品一定要以高頻率應用場景為基礎，在關鍵細節設計上還要符合使用者體驗

習慣。我有一個做飲料的客戶，他用茶粉做出一款茶飲，直接用常溫水沖泡即可飲用。我問他們老闆這款常溫沖飲的茶飲，與統一等茶飲有什麼區別？他說口感沒啥區別，一定要說出差別就是我的茶飲需要自己沖泡，他們的茶飲拿起來就可以喝，這個回答基本可以給他這款茶飲判死刑了。因為液態茶飲消費模式就是屬於即飲消費，口渴了買一瓶隨時開啟搞定口渴問題，而不是買一杯茶粉，再找個有水的地方勞心費神的自己沖泡，關鍵是口感沒區別，客戶體驗還超級差，需要自己到處找水，這完全不尊重顧客體驗習慣。後來的結果真被我言重了，這個產品上市一年基本上沒有成果，最後當贈品送給顧客都沒人要，你不遵守顧客的體驗習慣，顧客真不會給你面子，顧客是最容易用腳投票的觀眾。

商品成功的八大影響要素

影響熱門商品成功的八大要素是過去我在讀研究所時做的一個科學研究課題，透過大量數據研究，和嚴謹的實證分析得出的五大因素，今天拿來與大家分享。

影響熱門商品成功的關鍵要素		
序號	外部因素	內部因素
1	客戶需求（91.3%）	產品品質（83.8%）
2	市場規模（71.3%）	行銷能力（73.4%）
3	行業技術變革（35.3%）	產品差異化（71.1%）
4	顧客購買力（34.1%）	品牌知名度（62.4%）
5	行業競爭強度（81%）	服務水準（83.9%）
6	客戶需求（91.3%）	產品價格（37%）

資料來源：根據實證研究資料整理

資料來源：根據實證研究資料整理我根據實證研究得出的重要性要素包括：市場需求、產品品質、服務水準、行銷能力、產品差異化、品牌知名度、市場規模、產業競爭強度八大關鍵要素。從實際研究中發現，大家都在拚價格，其實價格的重要性在顧客看來根本不重要，只要把前八個要素做到位，價格就不是問題，如果前八個要素沒有做好，企業最後很容易陷入價格競爭。接下來我們來解析八大關鍵要素的一些重要內容。

市場需求

市場需求的重要性無需過多介紹，是大家都容易理解的事情。美工工業協會曾統計過一個關於產品失敗的因素。發現產品失敗大多數因素是需求掌握不準是主要原因。

產品失敗原因	百分比
需求判斷失誤	45%
技術趨勢失誤	20%
研發失敗	12%
製造失敗	8%
管理不善	10%
銷售失敗	5%

產品品質

產品品質一定要有整體產品品質的概念，很多人理解產品品質都是僅限於產品功能，產品的包裝、外觀形態、服務其實都應該包括在產品品質之內。比如：顧客收到貨包裝破損了也屬於品質問題。

行銷能力

關於我所研究的行銷能力往往是指多個方面的綜合行銷能力。主要展現在市場研究、通路能力、行銷團隊、銷售能力、服務能力、新品開發、產品差異化、產品策劃、行銷創新能力等多個方面。

市場規模

市場規模也是非常重要的一個因素，如果市場規模很小，也難以做大，水溝裡永遠養不成鯊魚來。市場規模越大越容易做出熱門商品，因為熱門商品有個基本要求就是海量需求，海量需求也是出熱門商品的前提條件。

競爭強度

競爭強度決定自己有沒有機會進入，競爭越激烈，競爭強度越大，越容易陷入紅海競爭，獲利也就越難。產業集中越高，整個產業幾乎處於寡頭壟斷的階段，對後來者來說獲利越難。

做產品也好，做企業經營也好，作為企業主首先要想明白超額利潤從哪裡來？很多企業管理者很少思考這個問題。其實有四個核心要素決定企業超額利潤：使用價值、差異化化溢價、品牌溢價、稀缺性溢價。

使用價值

產品使用價值是產品存在的基礎，但是使用價值只能讓產品獲得產業平均利潤，如果產品連基本的使用價值都無法保證，這個產品就有問題。

差異化

如果你的產品有差異或與對手有不一樣的地方，你就可以賣高價，這個高價就是差異化帶來的溢價。哈羅德・霍特林（Harold Hotelling）在「霍特林理論模型」提出透過產品差異化可以有效降低需求的價格彈性和市場競爭，從而獲得競爭優勢。美國著名經濟學家張伯倫提出中小企業要獲得競爭優勢，透過產品差異化是主要途徑之一，產品差異化可以滿足市場多樣化的需求，差異化可以使企業獲得壟斷力量。在實際操作中

產品差異化可以從產品角度和客戶角度來看，可分為產品自身差異化和客戶認知差異化。產品自身差異化是指產品內在的功能、外在形式、服務等與競爭者相比存在的不同之處。客戶認知性差異化：客戶認知差異化是指客戶心智中主觀認為的產品不同之處，產品自身真實性差異不一定等同於客戶認知性差異。

產品差異化包括形式差異化、品質差異化、效能差異化。其他學者還提出服務差異化、促銷差異化、管道差異化、價格差異化、概念差異化等。

品牌力

有品牌的產品，與無品牌的產品相比，雖然是同類產品，有品牌的產品可以賣高價，這個多出的利潤是有品牌溢價帶來的。一家生產奶粉的代工廠老闆接受媒體採訪時，面對鏡頭訴苦：我們的奶粉賣 100 元還沒人買，品牌奶粉賣 500 元，還供不應求，他最後對記者說企業要想獲得高利潤，一定要走品牌之路，靠價格戰永遠走不遠。

稀缺性

如果產品存在稀缺性，即：當產品供不應求時，必然帶來價格上漲，這個價格上漲就是稀缺性帶來的超額利潤，他的成本並沒有發生多大改變，是由需求拉動帶來的超額利潤。從使用價值層面我們來看水和鑽石認為哪個更重要？有點常識的人都知道相比而言，對人來說水更重要，水是必需品。如果人一個月不喝水就可能無法活下去。但是人一輩子不帶鑽石都不會死。從市場價格來看鑽石的價格是水的幾千倍，甚至上萬倍，這就是稀缺性帶來的價值。

第三章　整體產品設計與熱門商品創新

商品開發語言與流程

1. 熱門商品開發兩種語言

在實際開發產品過程中，往往會採用兩種語言來做產品，一種是技術語言，另一種是行銷語言。在實戰中兩種語言是相互結合的，沒有說哪種語言好或哪種語言不好，只是兩者從不同的維度來解決問題。接下來我來拆解一下兩種語言的使用技巧。

技術語言

技術語言很多人比較容易理解，就是用技術解決產品核心功能問題，但是技術語言的應用更側重解決有形的產品，比如：產品功能、產品形態、產品品質穩定性、保固期、產品品質等，技術語言是一種更理性的語言。但是有時候在現實環境下企業都存在很多技術瓶頸，無法透過技術語言來解決，這就需要依賴行銷語言來解決問題。

行銷語言

行銷語言更側重感情層面，因為的人的感性思維比理性思維運轉速度更快，行銷語言更側重產品概念、產品定位、產品包裝、產品賣點提煉等感性層面。有時候技術語言解決不了問題，可以藉助行銷語言來解決。

過去在果汁領域有個一直得不到解決的難題，就是果汁沉澱問題，一家曾經叱吒風雲的果汁產業老大，遇到果汁沉澱問題也一直得不到很好的解決，後來有個飲料企業做果汁也是面臨著果汁沉澱問題，他不挑

商品開發語言與流程

戰老大哥的 100% 果汁，他做 30% 含量的果汁，雖然果汁含量少，但是還是未能解決沉澱問題。但是這家老闆比果汁老大聰明的地方就是他從技術上找不到突破口的時候，他就會打迂迴戰術。這家老闆就想到了採用行銷語言來解決果汁沉澱問題，在業內首先提出來喝前搖一搖的賣點訴求。就是告訴消費者果汁就是應該沉澱的，不沉澱的果汁才是不正常的果汁，沉澱是自然狀態。透過行銷語言教育，顧客慢慢接受了果汁沉澱問題，在認知上慢慢認同了真果汁就是要沉澱，不沉澱就不正常的邏輯。又過了幾年我曾為新加坡企業主導研發一款果汁，透過懸浮劑技術還幫他們解決了果汁沉澱問題，果汁呈現出懸浮狀，看上去視覺感非常漂亮，訴求點：好喝看得見。當時感覺從產品概念、產品命名、賣點提煉、包裝設計等公司都認為非常完美，產品上市後曾一度高速增長，達到一定高點後增長幅度出現放慢，當時我就開始研究市場，去深度了解為什麼顧客現在不買這個產品了，最後研究的結果令我心裡一涼，顧客回饋果汁不是應該沉澱嘛，不沉澱的果汁一定有加工過，不敢多喝。由此顧客已經被喝前搖一搖教育壞了，心智中已經達成果汁沉澱共識了，這就是行銷語言的魅力所在。還有一個經典案例就是我的老東家加多寶公司運作王老吉，從降火藥到預防上火的涼茶，透過行銷語言讓銷量翻了上百倍。過去王老吉當降火的藥賣，賣了 10 年大概也就一億多一點，因為消費者對藥的認知：是藥三分毒，所以用藥是講究劑量的，每天飲用不能超劑量，劑量就限制了他的銷量無法快速增長。後來透過行銷語言把降火的藥改為預防上火的涼茶飲料，飲料是沒有劑量約束的，可以隨便喝，後來又植入更高尚的喜慶元素，訴求：吉慶時分喝王老吉！同一款產品，靠行銷語言改造後銷量翻了近 200 倍。

　　我曾做殺菌劑諮商專案，那種殺菌劑是專治柑橘、芒果潰瘍病，業

務員過去給農民大叔講半天化學成分和藥理，講了半天，農民大叔聽不懂這麼專業的化學術語。回到車上我就詢問業務員兩類殺菌劑有什麼不同？他們講解兩點區別：A劑是強酸，打上去葉子發黃，仔細看葉面可以腐蝕很多小洞洞。B劑是含鋅元素，鋅是一種營養成分，小孩子都要補鋅，植物也需要補鋅，鋅劑打上去不但沒有小洞，而且葉面發綠，葉面增厚。對潰瘍病治療效果都一樣，預防效果鋅劑更好，因為鋅劑可以增加作物的抗病能力。然後他帶我去柑橘園裡看一下真的是這樣。我說我幫你提煉三句話，你到那裡就講這三句話，然後再兩個動作。去的時候帶上打過A劑的柑橘葉子和B劑的柑橘葉子先讓他看，只要眼睛不瞎一看就清楚了。買個電子尺，測量葉片厚度，一看打過B劑的葉片就是厚一些。他們這個產品本身有是專利產品。最後形成一個拜訪客戶標準動作：1個專利背書+2個動作+3句話，做到以上三點遇到對手都不怕。這些都是依靠行銷語言解決了技術無法解決的問題。

2. 熱門商品開發流程

　　熱門商品開發流程在實踐中可能和書本理論存在一定的差異，整體還是有很多共性，在實踐中企業往往按照六個步驟操作。基於企業發展策略導向，從市場研究，透過市場研究挖掘使用者痛點與需求；然後透過研究報告評估進行新品立案；立案完成後就開始各項工作籌備；研發1.0初始產品以及初試產品市場測試；市場測試完成後會做定點試銷，產品修正；透過前面的一系列操作和產品打磨，根據試銷數據來評估產品的成功率開始大規模銷售。接下來我把熱門商品開發流程根據實戰做法拆解開做詳細的說明。

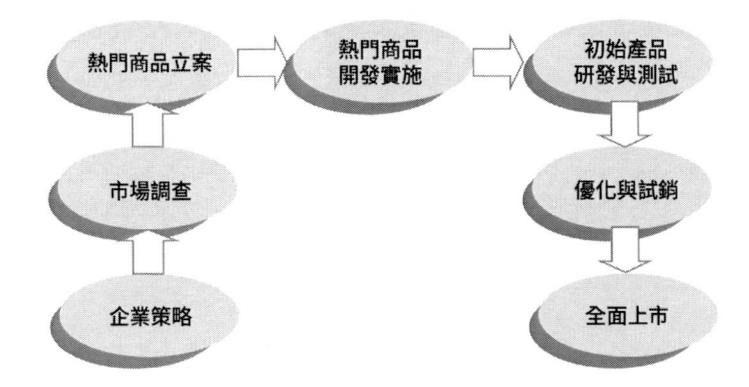

```
熱門商品立案 → 熱門商品開發實施 → 初始產品研發與測試
     ↑                                    ↓
   市場調查                            優化與試銷
     ↑                                    ↓
   企業策略                             全面上市
```

第一階段：市場研究階段

市場研究往往從五個方面來展開：總體環境、產業發展、消費者、競爭者、企業核心競爭力。

總體環境研究

政治法律：政治環境、法律約束、國際關係、國家競爭力。

經濟發展：分層次的經濟發展水準、國家的產業政策導向，支持發展什麼產業？限制發展什麼產業？國家政策帶來的問題和機會。

科學技術：國家產業技術導向、領導品牌的技術研發導向。

社會文化：行銷的文化背景、消費觀念的改變。

產業研究

產業結構分析：整個產業結構是由哪些細分領域構成的；產業存量規模多大；年增幅多少；產業細分度如何；產業核心環節在哪裡；產業存在的機會點、威脅；產業發展瓶頸等各個要素都要了解清楚。

產業週期分析：產業發展週期處於哪個階段；屬於週期性產業還是非週期性產業；硬性需求還是非硬性需求；產業集中度如何；未來的發展趨勢；產業吸引力如何。

產業壁壘：該產業進入門檻有多高，退出的成本有多大。

產業關鍵成功要素：通路、產品、品牌、服務、技術等成功要素有哪些。

競爭者研究

產業主要領導品牌是誰，找到產業前三名領導品牌。

主要競爭對手近三年的市場策略及變化情況。

近三年競爭對手市場策略對市場造成哪些影響。

主要對手的優勢。

主要對手的劣勢。

需求研究

本產業需求的本質是什麼

主要使用者是誰

使用者畫像分析

客群特徵、年齡、職業、偏好、消費觀念、體驗習慣、購買力。

使用者的認知度如何

使用者購買行為習慣

使用者存在哪些痛點和高頻率性硬性需求

使用者消費動機

使用者購買關注點

使用者使用場景及習慣

企業研究

企業自身有哪些優勢？核心競爭力展現在哪裡？

企業自身有哪些劣勢？對未來的發展存在哪些制約瓶頸？

綜合以上宏觀環境、產業、競爭者、消費者以及自身情況，最後形成研究結論。研究報告是產品立案的決策依據。

第二階段：熱門商品立案階段

根據研究結論申請立案報告，立案報告要對研究結論做一個闡述，以書面形式提交熱門商品開發立案報告；參考附錄《熱門商品立案報告》。

第三階段：立案論證及專案正式實施階段

立案報告透過公司內部高層的論證、審議通過後，提交熱門商品正式立案書，立案書中有明確的職能分工、專案驗收標準、責任人、完成時間以及考核細則，各專案組負責人必須簽字共識，簽字共識非常重要，透過書面共識更有利於專案推進。立案書簽字後，由專案經理進行整體推動和協調專案流程。參考附件《熱門商品專案書》。

第四階段：初試產品研發與測試階段

熱門商品初始產品研發與測試階段，也稱為熱門商品開發的實施階段，先做 1.0 產品的研發工作，然後投放到市場進行測試，看使用者對產品的反應度，根據使用者回饋的數據和顧客意見進行產品改進，一般市場測試週期為一週到 1 個月時間。熱門商品測試有個關鍵點，在市場測試時最好選擇網際網路平臺測試，因為網路回饋意見比較迅速，而且有真實的數據可隨時參考。

第五階段：產品優化與定點試銷階段

根據顧客回饋數據和意見對產品進行優化，二次優化後產品，當作

第三章　整體產品設計與熱門商品創新

正常產品可以選擇特定區域、特定管道進行市場試銷，這個試銷是按照正常的銷售流程進行產品試銷，在試銷階段要持續關注產品的銷售數據、顧客回饋意見，用試銷來測試市場的真實反應，也是讓你產品在特定區域內，常態下銷售，檢驗是否有不足的地方，如果產品仍有不足的地方，在試銷階段就會充分暴露出來，把風險鎖定在試銷區域，即便有問題也不會給公司造成太大的負面影響。試銷週期一般是3至6個月，依不同的產品決定試銷週期。因為時間太短看不出效果，時間太久會浪費時間，還可能被對手模仿失去引爆的最佳上市期。這個時間沒有嚴格的規定，最嚴謹的方式是讓產品經歷整個銷售週期，比如：經歷過淡旺季，也能夠看出顧客對這個產品的需求週期，找到需求的峰值和谷底，為之後做產品推廣提供決策依據。

第六階段：批次規模化常態銷售階段

經過試銷檢驗，產品經受住了市場的考驗，從市場接受度、產品品質的穩定性等各個方面都認為比較完善，就進入一個常態化的銷售階段。

熱門商品打造流程在實踐中基本都是按照這個六個階段來實施的，但是每個階段根據不同的產業、不同產品的複雜程度，在時間節奏上可能會有所不同，甚至流程也會有所調整。從嚴謹的角度這六個階段每一個環節都是不能缺少的，因為這六個階段都是經過實踐的多次檢驗，每一個環節都有他存在的價值和作用，有些環節是為了提升效率和精準度，有些環節是為了控制風險。看起來流程複雜會降低效率，其實減少犯錯的機率就是快的做法。

整體設計九位模型

我們前面介紹了熱門商品開發的思維模式、熱門商品開發原則以及熱門商品設計語言,接下來我們介紹熱門商品到底如何一步一步的實施執行。這裡我重點介紹熱門商品執行九位模型,也可以理解為熱門商品開發的九個步驟。這個九位模式也是我十多年產品管理經驗從實踐中提煉出來的一個方法論體系,也是經過十多年的反覆驗證、不斷的修改最後把這套模式固化,拿來與大家分享。

九位模型不只是一種產品開發的系統思維方式,更是一種指導產品管理者在開發產品過程中遵循的一套方法工具,包括思想、路徑、工具。九位模型具體內容涵蓋:企業地位、競品區位、市場定位、品類搶位、品牌插位、產品占位、傳播升位、認知對位、產業固位九個方面,接下來我們一起來拆解、分析如何進行實踐執行。

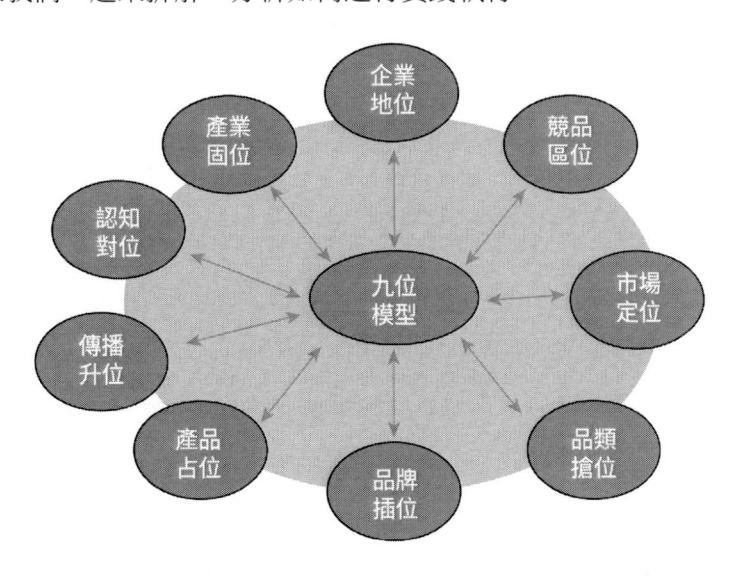

第三章　整體產品設計與熱門商品創新

1. 企業地位

　　企業地位本質上是指企業所處的產業地位，做產品開發首先要了解企業自身所處的產業地位非常重要。行銷產業有句俗話叫：地位決定品味、品味決定價位。企業做成好產品必須要從自己具有領先優勢的領域或處於領導地位的細分領域中去挖掘策略性的市場機會，然後把這個市場機會轉化為產品。當然挖掘策略性的市場機會不是那麼容易的，現在很多產業產能都過剩，你看得見的機會、想得到的產品創意都已經處於競爭紅海狀態，在成熟的市場環境中大家拚到最後，拚的都是專業實力，所以找到自己領先地位需要一定的專業技巧。我在過去實踐中挖掘企業領先優勢往往會從兩個維度來思考：

　　從內向外看：自己認為在哪些領域具有先發優勢或處於產業領先地位？去看本企業對產業的影響力和掌控能力如何？企業核心競爭力展現在哪裡？這裡順便解釋一下企業核心競爭力，企業核心競爭力就是對手不具備、不可模仿的能力或對手可以透過模仿來實現，但是模仿的成本遠遠高於自己，如果企業沒有領先優勢和核心競爭力就很難確立產業領導地位。

　　挖掘企業核心競爭力的方法：可以先把自己的處於產業領先地位的優勢羅列出來，並進行優勢排序，最後進行優勢評價篩選，找到確保自己真正處於領先地位的核心競爭力。

　　從外向內看：顧客或同行是如何評價自己的，他們認為自己在哪些領域具有先發優勢或具有領先地位。自己認為的領導地位是否能夠獲得同行的認可，如果不能獲得同行或顧客的認可，那只能是老和尚賣瓜自賣自誇是沒有意義的。

很顯然做產品找到企業所處的產業地位這個制高點，利用產業領先地位的勢能打擊對手，無形中就提升了產品成功率。

2. 競品區位

競爭區位就是指你的產品與競爭對手相比有哪些不同，存在哪些明顯的差異。在定位理論一直強調不同勝過更好，基於不同與對手形成區隔，突顯出自己的獨特優勢或特徵，更容易在市場競爭中勝出。在當前市場環境下產品同質化越來越嚴重，你能夠做出差異點，實現萬綠叢中一點紅，更容易從市場出跳出來。產品差異化不僅能夠有效的區隔競品，關鍵還能提升產品溢價率。

早期在礦泉水領域，一家 A 公司強調他們的水是經過 27 層淨化，好像只有經過 27 層淨化才能配的上叫純淨水，用 27 層淨化突出自己的不同點來區隔競爭者。而 B 公司他不強調多少層淨化，他強調自己是礦物質水，能夠補充人體所需的礦物質，給消費者的認知好像喝含有礦物質的水對人體更好。C 公司強調自己是弱鹼性水，說自己是大自然的搬運工，用弱鹼水與對手形成區隔。D 公司推出高山礦泉水時，發現普通礦泉水市場已經是一片紅海了，最後 D 公司選擇了走高階路線，強調來自山上的雪山融水來表現差異化。你發現這四家礦泉水企業，一個來自地下、一個來自人間、一個來自山上、一個來自天上，各路英雄都有自己的差異點來區隔對手，在一定時期內各自都賺到了銀子。

3. 市場定位

　　市場定位很多人都不陌生，在企業裡有些人還經常掛在嘴上，時常強調做產品要先做市場定位，但是很多人道理懂了一大堆，但是仍找不到市場定位的入手點到底在哪裡。因為很多人的道理都是書上學來的，沒有把理論吃透，沒有搞清楚理論形成的背景和路徑，所以把理論回歸到實踐的過程中就會遇到問題。就市場定位我先來拆解一下傳統的市場地位理論，即：STP 理論（Segmentation 市場區隔、Targeting 目標市場、Positioning 市場定位），也被人稱為行銷策略三要素，很多人提到的市場定位理論就是指 STP 理論。市場定位理論最早是由美國行銷學家溫德爾·史密斯（Wendell Smith）提出來的，後來由美國行銷學家科特勒進一步發展和完善，最終形成了市場區隔、目標市場選擇、市場定位三個部分構成定位理論。

　　市場區隔：對目前群體進行細分、對品類進行細分。

　　目標市場：對細分後的群體、品類，找到屬於自己的目標子市場，為之提供產品或服務。

　　市場定位：確定目標市場後，最後在目標市場中確立一個定位，高階、中階、低階，定位沒有好壞之分，只有是否適合自己的身分，理解這點很重要。這三個部分是有先後邏輯關係的，也就是說基於潛力的市場細分和目標市場選擇後，最後確定市場定位。

　　我在市場定位實踐中，在結合 STP 理論的基礎上往往是從三個方面來思考定位如何執行問題。具體包括：消費客群定位、需求定位、場景定位，把抽象的理論具體化，只有具體化以後才能更好的執行。

　　消費客群定位：為什麼消費客群定位會變得如此重要，再好的產品

也很難做到人見人愛，花見花開，所以在開發產品時找到屬於自己的忠實粉絲是成功的關鍵，首先要搞清楚誰是你的上帝？搞清楚這個問題就可以做到精準行銷，不是自己的菜就不用在那堆人身上勞民傷財。在選擇消費客群上往往會參考兩個標準：客戶數量足夠大；要具備一定的購買力。歸根究柢就是找到那個有這種需求，又付得起錢的人。

需求定位：需求定位就是搞清楚顧客存在哪些痛點、哪些癢點，不痛不癢的事最好少碰，我在做行銷諮商時經常聽到有些人動不動就強調顧客需求，以需求為導向。其實顧客需求是大家看到的表面現象，顧客需求的背後一定是痛點，需求是由痛點衍生出來的。所以研究顧客需求一定抓住一級痛點和高頻率硬性需求才是王道。基於顧客痛點去研究產品，找到能夠幫助顧客解決哪一方面的問題或消除哪一方面的痛點，最終達到滿足需求的目的。比如：工作中的麻煩、生活中的不爽、學習上的痛苦、娛樂中不愉快等等。只有解決真正問題的產品才是好產品。在研究需求定位時一定要注意一個因素：不要在「偽需求」裡做產品，也就是說要用火眼金睛反覆求證需求的真實性和硬性需求，找到消費者急需解決的痛點。如果消費者面對一個問題，可解決也可不解決，針對這種情況的需求往往都不是真需求，如果企業建立在這種弱需求上開發產品，即便產品做出來也不會暢銷，就像一個人偶爾有幾根白髮，可治可不治，無所謂；如果得了急性闌尾炎，顧客就會馬上治，這就是痛點衍生的硬性需求。

場景定位：研究需求一定要放在特定場景下去研究，任何脫離消費場景再去研究需求往往會有失偏頗，因為人是帶有情感的動物，很容易觸景生情產生購買衝動和行動。

我在研究消費場景時往往會圍繞三種場景去研究：購買場景、體驗

第三章 整體產品設計與熱門商品創新

場景、分享場景。研究顧客會在哪裡購買、在哪裡用、在什麼時間使用、會與誰分享等。這三種場景有些產品是重疊的，有些產品不是重疊的。比如：餐飲產業三個場景就是完全重疊的，請人吃飯的話，從美食體驗、美食分享、買單結算等都會在同一個場景下發生。很多時候體驗場景和分享場景是重疊的，與購買場景是分離的。比如：大學生在超市裡購買零食，購買場景是獨立的，回到學校宿舍他們會與室友來分享，在這種情況體驗場景與分享場景就是重疊的。有些情況購買場景與體驗場景是重疊的，分享場景是獨立的。比如：出去旅遊的人，在旅遊地品嘗到了當地的特色美食，感覺很好，在回來的時候他會買一些帶回來與親朋好友來分享。所以在設計產品體驗時一定要根據不同的消費場景特徵來思考問題，結合不同的場景來設計更在地化的產品，來提高顧客體驗滿意度。我在工作實戰中考慮市場定位往往也會結合以下五個因素來思考問題。

群體層面：產品需要服務哪些閱聽人群體？存在該問題人數足夠多嗎？如果人群數量比較少，一般會選擇放棄。

需求層面：需求層面我會考慮四個要素；痛點、硬性需求、高頻率、高利潤；前三個要素最早是一位董事長提出的，當時給我很大的啟發。我就把它融入到實踐中做一些深化。對痛點的研究我會圍繞目標客群在工作、生活、學校等場景下存在哪裡痛點？哪些問題已經解決了？哪些問題還沒有解決？對硬性需求的研究我會追問顧客未解決的問題大概什麼時候會解決？是否需要馬上解決？還是需要再等一段時間？這種痛點他能夠忍受多久？客戶希望以什麼樣的方式來解決？對高頻率的研究我會研究類似這種問題一般情況下多久發生一次？顧客一般多久需要解決一次？來測算購買頻率。總之研究需求我會不停提出問題，透過問題來

牽引深挖下去，最終找到需求的本質。對高利潤的研究是要分析客戶願意花多少錢來解決此問題？超過多少錢就會放棄解決此問題？同產業中是否存在同類產品？同類產品的定價和產品利潤率大概有多少？自己是否做出更好的性價比。如果不能應該怎麼辦？開發產品最終要回到商業盈利層面，考慮產品要能夠賺錢，如果定價超出的顧客購買力承受範圍或者利潤不足以支撐後續行銷推廣，即便產品做出來也會像流星一樣的快速消亡。

4. 品類搶位

　　很多研究產品都會忽視品類這個維度，其實研究產品應該從研究品類開始，品類往往是消費者購買產品的入口。當消費者需要某種產品時他首先想到的是品類需求，確定品類後再考慮購買哪個品牌，最後根據消費場景來選擇具體的品項或規格。

　　品類搶位的本意就是搶占新品類先機，即是透過品類細分找到機會點，採用先入為主的策略開創細分新品類。品類的發展演化有三種路徑：品類進化、品類分化、品類造化。品類進化就是某個品類發展不夠完善，仍有更新的機會。品類分化是指：品類範圍非常廣，存在細分的機會。品類造化是指品類發展已經到了非常成熟的階段，沿著原來的路徑很難提升，就適合顛覆性創新。

　　依據美國定位大師屈特（Jack Trout）的定位思想，結合自己多年的產品管理實戰心得，提出做品類搶位三種機會：

　　第一種機會：找到被強勢對手忽略或無人做精耕的細分產業。有些品類是剛剛興起，很多產業領導品牌還沒有意識到這個品類機會或者在

第三章 整體產品設計與熱門商品創新

品類發展的萌芽期，品類規模較小，大企業根本看不上這種品類機會，這個時候往往是後起之秀快速崛起的大好時機。

第二種機會：有人做，但是無人可以強調該品類概念與自己的品牌關係，這種情況往往是新品類剛剛起步階段，市場競爭完全處於鬆散競爭狀態。很多商家都是默默無聞的做，沒有品牌意識，消費者在選擇該類的產品時也不知道誰家是最好的，這種品類集中度超低的品類後來者也更容易勝出。

第三種機會：品類比較成熟，品牌集中度高，但是品類存在很大細分機會，可以透過品類細分來開創新品類，也是存在品類搶位的機會。

根據品類搶位的三種機會，在實踐執行過程中還需要注意四個關鍵要點：

消費者對品類有一定的認知基礎

也就是說已經存在真實的需求只是未被激發出來，品類認知一定不是無中生有。

市場占有率要足夠大

只有足夠大的市場占有率才能夠支撐企業的盈利，在市場占有率衡量指標上考慮存量規模和未來增量規模兩個方面。確保當前能夠快速見利見效，長期又能確保持續發展。

品類選擇一定要符合企業策略發展方向

品類選擇一定要與企業策略方向相匹配，在企業策略線上選擇品類，否則不利於企業策略資源聚焦和企業策略資源的沉澱。過去一些多元化的企業由於缺乏策略定力，看到能夠賺錢的品類就進入，從金融房地產到美容美髮，很多品類根本展現不出自己的競爭優勢，最後的結果

不但消耗掉了很多企業策略資源，最後還沒有獲得好的收益。

以企業現在的資源和能力能夠實現快速切入

從市場機會來看，即便存在一些新品類機會，企業也要考慮自身是否有這種能力和資源抓住這個品類機會，否則在好的品類機會也只能看看罷了。

5. 品牌插位

亞洲人講究人過留名，雁過留聲，品牌也主張要給消費者留下美好記憶。這種美好的記憶就是靠品牌來實現的。品牌插位一定要根據品類屬性，找到顧客對品類和品牌認知的空白點，採用先入為主的策略進行品牌插位，也就是說消費者心智中還存在未被競爭對手占領的空白陣地，自己才有可能「插足」的機會。投資大師巴菲特做投資，他選擇投資標的時經常會提到商譽這個無形資產，他為什麼非常看重商譽？商譽的本質就是品牌價值。還有一點可能很多人不知道，企業品牌價值是不計入帳面資產的，但是品牌價值是企業實在的資產，這種資產價值是透過市值來反應出來，透過市場給投資者帶來超額回報。所以大家經常會看到品牌公司真實的市場價值會遠遠高於企業的帳面資產價值，這就是巴菲特看重商譽的原因。如何進行品牌插位實現品牌的保值和持續增值呢，品牌體系打造是一個系統性的工程，不是透過散點就能夠實現成功，接下來就重點拆解品牌插位系統。

品牌插位系統方法包括：一個中心、兩大基礎、兩種策略、五種執行方法。在了解品牌插位系統之前，我先分析品牌的形成的底層邏輯。品牌形成的底層邏輯：品牌的核心是「特色」，特色的確保是「文化」，文

化淵源「歷史」，歷史的傳承靠「故事」，故事的靈魂是「人物」，人物的傳頌是「功德」。

品牌背後的底層邏輯

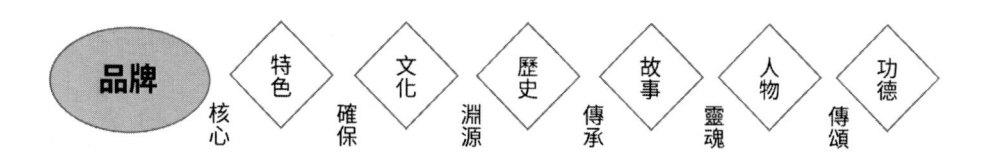

品牌(核心) — 特色(確保) — 文化(淵源) — 歷史(傳承) — 故事(靈魂) — 人物(傳頌) — 功德

用通俗易懂的話來說就是一個好人，做了一件好事，用他的光榮事蹟作為品牌的傳播載體，以講故事的方式讓後人為他歌功頌德來傳播品牌文化。

我就拿傳統節日中秋節來說，為什麼每到中秋節大家都會吃月餅，其實這背後是有一個豐富的文化典故。中秋節的特色就是吃月餅，為什麼中秋節一定要吃月餅，難道不能吃別的東西嘛，其實吃月餅的背後是有文化的，也是故事的，這個故事就是紀念嫦娥與后羿的故事。后羿就是那個曾經射太陽的美男子，他的另一個身分就是嫦娥的老公。傳說中天上有 10 個太陽，人類熱的受不了，后羿就用弓箭射下來 9 個，才有了現在的春夏秋冬四季分明，射太陽就是后羿對人類的功德。有一天八月十五后羿回來發現嫦娥不見了，傳說嫦娥是在八月十五這天昇天的，每年的中秋節后羿都會在院子裡擺出點心以表達對嫦娥的思念之情，後來人們就把這天當作家庭團圓日。這就是中秋節吃月餅文化的整個品牌脈絡。

現在回到做品牌的起點，做品牌必須以顧客心智為中心，也就是說顧客心智認知是創立品牌的起點。不要指望改變消費者的原始認知，否

則會付出很大的代價。關於顧客心智有兩個核心要素：一個是原始認知，另一個是價值聯想。掌握清楚顧客原始認知和價值聯想是做品牌插位成功的基本前提。關於認知與聯想前面我們已經做過講授，認知和聯想是做產品的第一大根基。在搞清楚人類認知和聯想大腦機制，找到品牌插位的心智點，在這個基礎上我們來探討做品牌定位的兩種策略：順勢定位和對立定位。

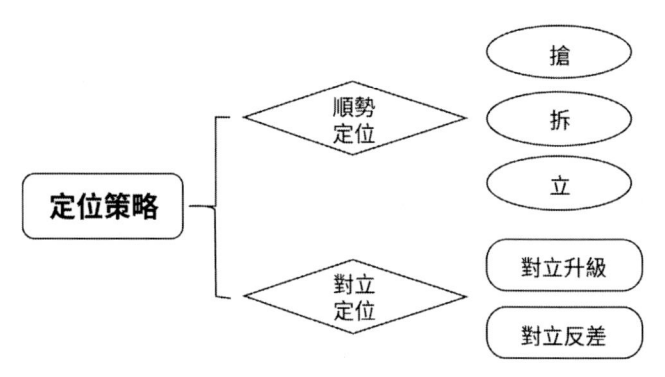

```
                        ┌─ 搶
              ┌─ 順勢定位 ─┼─ 拆
              │          └─ 立
   定位策略 ──┤
              │          ┌─ 對立升級
              └─ 對立定位 ┤
                        └─ 對立反差
```

順勢定位根據不同的情況有三種具體的操作方法：搶、拆、立。在講述順勢定位方法之前，我先把順勢定位的適用前提條件說明一下，任何理論和方法都是有他成立的條件的，如果不清楚這個前提條件，你即便看懂了理論，也無法正確靈活應用理論來解決問題。順勢定位一般適用於品類集中度較低的產業。根據品類認知和品牌歸屬兩個維度來判斷更細化的三種操作方式。

搶

前提條件：有品類認知，無品牌歸屬，往往適合採用「搶」的方法。即：該產業被強勢對手忽略或無人做精耕的細分產業，也沒人刻意強調該品類與自己品牌的關係，具備這種品類特徵就採用搶的定位方法。我們在實踐中有一個量化指標就是產業前三合計市場占有率不超過30%。

第三章　整體產品設計與熱門商品創新

實作要點：找到顧客已經接受的品類特徵和品牌特徵的關聯點，搶的策略就是先入為主搶占顧客第一心智，用顧客對品類的認知價值點與企業品牌建立強關聯性，並率先強調該品類與自己品牌的關係，把它變成自己獨占的品類，讓自己的品牌代表這個品類。因為顧客對該品牌已有清晰的品類價值認知，不需要進行品類教育。由於從來沒有哪個品牌刻意強調該品類與他的品牌關係，在顧客心智中沒有哪個品牌能夠代表這個品類。就給後來者提供了品牌插位機會。

早些年到北京的外地人都知道北京烤鴨很出名，但是那個時候企業缺乏品牌意識，消費者也不清楚到底哪家的北京烤鴨才是正宗的。很多人買了一些品質不太好的烤鴨，體驗之後覺得北京烤鴨味道不過如此，對北京烤鴨品類認知就是浪得虛名。有些人吃到正宗的北京烤鴨滿意度極佳，這類人對北京烤鴨品類認知就是名不虛傳。基於當時的北京烤鴨市場狀態，全聚德意識到品牌的力量，他們是比較早把北京烤鴨進行品牌化運作的企業，早期的廣告語提出：到北京，不到長城非好漢，不吃全聚德烤鴨真遺憾的訴求。慢慢的把全聚德的品牌知名度提高了，還在北京前門開了實體店。全聚德早期就搶到了北京烤鴨品類代表者的先機，取得了一定的成功。

拆

前提條件：有品類認知，有品牌歸屬；這種情況就採用「拆」的策略。也就是顧客心中已有清晰的品類認知，也有強勢品牌能夠代表這個品類，並獲得了顧客的認可，這種情況就適合採用細分定位法。就採用把大品類拆分為細分品類。讓大品類為細分品類背書，然後把自己塑造成為細分品類的代表者。飲料產業類目繁多，包括：茶飲料、果汁、碳酸飲料、運動飲料等等，每個大品類消費者都有清晰的認知，不需要去刻意進行品類教

育。而且飲料品類競爭非常激烈，從茶飲料到碳酸飲料都有品類的龍頭企業。王老吉就透過拆的策略找到新的突破機會，從眾多飲料產業中聚焦茶飲料，在茶飲料中有冰紅茶、冰綠茶，王老吉就從茶飲料中拆出了涼茶細分品類。早期的訴求主張：怕上火，喝王老吉，透過廣告宣傳，王老吉曾一度成為涼茶品類的代表者。我們在實戰有一個判斷指標就是前三名合計市場占有率超過65%，說明品類集中度非常高了。

實作要點：就是在大品類前面加細分定語，透過細分定語對品類進行拆分，然後進行品類分類、排序，並進行市場測試，找到顧客能夠接受的細分品類特徵來實施品牌的細分定位。

立

前提條件：無品類認知、無品牌歸屬；往往採用「立」的策略。該種情況顧客既沒有品類認知，也沒有品牌歸屬。這種品類往往是新品類或顧客對該品類比較陌生的領域。研究過程顧客對品牌的認知非常模糊或基本不了解。

實作要點：立的本意就是立品類牌坊，這個牌坊就是能夠代表品類的品牌。就用自己的品牌個性或產品特徵去定義一個清晰的屬性，用自己的優勢來定義品類標準。讓自己的品牌特色幫品類建立標籤，讓品類等於自己的品牌。透過立牌坊、定標準讓顧客模糊的品類認知變得更加清晰，更有確定性。透過品類教育和品牌教育同步進行，讓企業品牌等於該品類。立的策略在實施執行過程中一定要先搞清楚自己的優勢，自己的品牌主張，基於品牌價值主張去定義品類屬性。

立的策略在醫療、醫藥產業比較常見，醫療產業新產品往往是透過一個企業開發一種新藥或醫療器械，他會以企業的優勢起草新藥的標準、定義品類，然後報備國家相關管理部門稽核，相關管理部門稽核通

過後，這家企業標準就會慢慢成為品類的標準或參與起草產業標準。幫寶適紙尿褲產品在早期的推廣也是非常艱難，尤其在日本市場。幫寶適紙尿褲早期的廣告訴求是：讓媽媽更省事、少操心。但是日本家庭文化和西方家庭文化不同，甚至和亞洲的家庭文化都存在很大差異，日本的家庭主婦很多時間是花在家庭上的，比如：照顧孩子、照顧老公方面。在日本出個產品讓媽媽更省事，讓媽媽少操心，日本媽媽就會找不到存在感，所以幫寶適紙尿褲在日本剛上市時一直業績平平。後來發現這個訴求非常迎合其他亞洲國家家庭文化，其他國家媽媽會把少操心當作一種驕傲。幫寶適紙尿褲推廣成功後，幫寶適就成為了紙尿褲品類的名門正派。

以上內容我介紹了順勢定位的三種執行方法。接下來我們談談對立定位策略。在講對立定位策略之前，同樣先把對立定位的前提條件講清楚。對立定位策略一般適用於產業集中度比較高，已經出現品類代表者，並獲得顧客的認同。這種情況後來者不能硬來，只能藉助領導的優勢進行借勢發力，對立定位根本不同的情況也有兩種不同的打法，包括對立更新定位和對立反差定位。

對立更新法：

前提條件：產業已有強勢品牌，但是領導者存在明顯缺陷，給後來者留下側翼攻擊的機會，這種情況適合對立更新方法。

實作要點：可以藉助產業老大的影響力來借力發力，用自己的優勢補足領導者的缺陷或劣勢，進行優勢更新。對立更新操作成功的前提：對方必須存在明顯的致命缺陷，而且正是消費者擔心的痛點。所以萬事萬物皆有弱點，深挖對方的致命弱點，進行針對性的側翼攻擊，也是後來者在競爭中勝出的一條成功路。在洗髮精領域，某個國外品牌主張他

的產品功能是去屑，另一個品牌就在他的基礎上強調：去屑不傷髮，在功能完美度上明顯高一個層次。

對立反差法：

前提條件：產業已有強勢品牌，但是領導品牌足夠強大，不存在明顯缺陷，後來者找不到側翼攻擊機會，這種情況下只能退居求其次，對立反差定位。

實作要點：反差策略也就是一種反常規思維，透過反差造成顧客心理衝突，引發好奇心去關注品牌。國外的一檔歌手選秀節目，一般的選秀節目都是老師選學生，按照老師選學生的邏輯來設計的，但是這檔節目就採用反向操作，讓學生選導師，按照尊師重道的文化，看起來好像有點大逆不道，但觀眾感覺這種模式挺新鮮，觀看後覺得很過癮，收視率也很高。

以上重點介紹了兩種定位策略的思想和執行方法，為了確保定位方法在實踐中的有效性，在做實際操作時有三個關鍵環節顯得特別重要。

要充分考慮品類集中度與細分度：往往品類集中度、細分越低的產業越容易成功，反之亦然。

要充分考慮顧客認知：消費者已有清晰的原始認知，只是未被啟用，千萬不要做陌生創新。選擇的定位不能讓消費者感到模稜兩可，消費者被搞得暈頭轉向，最終銷量也必然會一塌糊塗。

我有個朋友曾是某家烘焙企業的產品負責人，烘焙品類成熟度相對比較高，所以他做一款蛋糕就提出一個概念叫「非蛋糕」，這個品牌定位提出來表面上看起來好像是一種創新，但是對消費者來講會比較模糊，消費者會提出疑問，不是蛋糕到底是什麼？這個定位沒有傳達給消費者一個清晰的品類特徵，消費者無法對它進行品類歸類，所以後續也就銷聲匿跡。

第三章　整體產品設計與熱門商品創新

能夠快速建立正面價值聯想：品牌定位一定能夠最先與消費者建立正面聯想。如果消費者看到某個品牌首先想到的是不好的因素或不好的因素大於好的因素，一般也是比較難成功，所以在實際操作過程中一定要注意掌握好這三個關鍵環節。

品牌基因密碼

做品牌首先把品牌基因塑造好，其次才是考慮如何傳播，如果品牌基因都不好，投放再多的廣告也是浪費，所以我們經常看到廣告如猛虎，效果不好的案例比比皆是，出現這種情況都是初期沒有把基礎工作做好。我們一般打造品牌往往會從五個方面入手來塑造品牌基因。我把這些要素統稱為「品牌基因」。包括：品牌旗號、品牌名號、品牌商號、品牌故號、品牌口號。接下來針對品牌五個基因逐一的做分析。

品牌旗號

品牌旗號也可以理解為品牌願景，就是你的品牌最終要成為什麼。現在很多企業做品牌都是號稱要做百年品牌，老字號品牌等。不管他做不做得到，夢想是有了，把品牌大旗立起來了，有了品牌大旗就有了方向，企業就會朝這個方向去努力。現在很多網紅品牌就是缺乏品牌旗號，所以很容易速生速死，紅起來很快，消失也很快。品牌旗號規劃一個關鍵點，一定要與企業願景保持一致，你的企業未來要走向哪裡，品牌也要走向哪裡。品牌願景和企業願景可以理解為是企業使命的兩條不同的方式。

品牌名號

品牌名號就是取個好名字，品牌有一個好名字非常重要。否則顧客記不住，也不易傳播。再好的品牌不能讓顧客留下一個深刻的印象都不是好品牌。

我有一次去外地出差，到了當地第一件事就是覓食，我就問當地的一位大叔，你們哪裡有特色美食，想感受一下這裡特色的風土人情。那位大叔說我們這裡有一家特別道地的海鮮餐廳，當地人都知道他們家的海鮮做的非常好，而且是一家百年老店。我們問他餐廳名稱叫什麼？位置在哪裡？哪位大叔想半天也未能把餐廳全名說清楚。我當時就反思整個事情，這麼好的口碑，當地老百姓想幫你做口碑傳播，就因為記不住名字而失去生意，這是不是一個天大的笑話。所以名號是一個非常重要的因素。關於品牌如何命名的方法，仁者見仁智者見智。從我多年的經驗可以給出幾個品牌命名的建議。

　　(1)直接強調產品的差異化價值或功能

　　讓顧客不需要解釋，一目了然就知道你是什麼。顧客從名字上就能夠理解產品的屬性或特徵。

　　(2)一語雙關法

　　音同字不同或音同意不同，既能描述出產品的屬性或特點或功能又能符合消費者的心裡需求，單個字意或合起來的字意符合消費者心裡需求。

　　(3)利用人的反差心理

　　利用人類愛「挑剔」的心理或「叛逆」心理，故意寫作字或利用錯誤的記憶點，如：上面畫六個圓，名稱寫五圓餐廳；我有個朋友開店，故意把店頭上的一個字寫成白字，每個顧客走到他店的門戶看到那個白字都會評價一番，說這個老闆一看就是沒有讀過書，自己的招牌都能寫錯，沒讀書真可怕等之類的評價，但是他給顧客留下了一個深刻的印象，以後這些顧客還會把這個事當作茶餘飯後的談資來議論，他的傳播效果就有了。

(4)利用生活俗語和成語的押韻諧音與產品屬性建立關聯性命名

俗語含義與韻律和產品屬性內涵或消費者情懷寓意有關聯點。

品牌商號

品牌商號就是商標，具有強記憶點屬性的標誌都可以成為商號。商標和品牌名字一樣，是構成品牌一個非常重要的符號，在廣告界商標好成視覺定錘，能不能讓顧客看上一眼就留下深刻的印象。對於商號有不同的形式，可以是文字、可以是圖案，也可以是卡通人物等，只要是有利於顧客辨識和記憶的符號都可以作為商標。商標設計原則一定是越簡單，辨識度越高，越有利於顧客記憶，因為人類的大腦喜歡簡單，不喜歡複雜。

品牌口號

品牌口號也是常說的廣告語，在做品牌規劃時，口號一定少不了，我們經常聽到一些耳熟能詳的廣告語，潛移默化的影響著我們的購買行為。怕上火喝王老吉；只溶於口，不溶於手；鑽石恆久遠，一顆永流傳……但是我們從來沒有想過這些訴求是不是真的，廣告界也流傳著一個觀點叫：認知大於事實。這就是廣告語的魅力。我提煉廣告語通常會遵守幾個原則：能夠清晰表達出產品的賣點；簡介、容易上口；內容要富有內涵；還有一個重要的原則就是合法性、合規性。在合法性上我再次提醒企業家和廣告從業者，未來政府對廣告的監管也越來越嚴格，稽核會更加嚴謹，做產品宣傳時一定不能踩紅線。政府對不同產業都有硬性規定，比如：香菸不能做廣告等。接下來我常用的幾種提煉廣告語的方法供讀者參考。

我們提供廣告語一般是結合三個重點：顧客關注點、產品賣點、社

會熱門話題；三者結合在一起。只有這樣傳播的勢能才能足夠大。先把產品賣點提煉好，知道要傳播什麼內容。然後去研究社會熱門話題，因為社會熱門話題就有借力效果，透過社會熱門話題吸引消費者眼球就有了曝光度。最後去研究顧客在熱門話題下最關注什麼。這三點結合提煉一個傳播點，天時地利人和都具備了這樣傳播效率會更好。在這三個原則下我們有具體的提煉方法。

功能訴求法

　　功能訴求法也是重點強調出產品功能或價值。讓顧客了解產品可以用來解決什麼問題。往往是從顧客痛點入手，然後植入品牌。感冒，一粒見效，也是清晰表達了能夠快速治療感冒的功能訴求；嗓子不舒服，川貝枇杷膏等等，你發現做功能訴求都是遵守一個特定的規律，根據問題來強化功能。

情感訴求法

　　情感訴求就是利用同理心或身分共情來激發顧客情緒。從而產生品牌忠誠度。如：百事可樂，新一代的可樂；看得出百事可樂是為年輕人而生，更迎合新一代的年輕人，透過客群切割來區隔可口可樂。情感訴求成功的一個關鍵點是一般適合顧客對該品類和產品比較熟知的情況下，更適合走情感路線。如果顧客對產品屬性和功能不了解的情況下，去做情感訴求失敗的機率極大。你看早期王老吉先是打降火功能，等消費者都熟知涼茶是可以降火的。他再慢慢轉化情感訴求，吉慶時分，喝王老吉。如果消費者認知還是停留在降火的藥而不是降火的飲料，王老吉打吉慶時分喝王老吉很大機率會失敗，因為吉慶時分應該是個很歡快的氛圍，在這種歡快的氛圍下，喝降火藥顯然是不合適的。

數字表達法

數字更加理性，理性的數字也更又說服力，所以把賣點轉化為具有衝擊力的數據更能打動顧客。但是數字表達必須是經過官方或權威第三方證明過的數據，是可信的數據。如：某醬油強調晒足 180 天，給人的感覺醬油晒的時間越久可能越好；某牌香皂有效殺菌 99.9%；養樂多 100 億活性益生菌；某奶茶杯子連起來繞地球 7 圈。這些都是透過數據把產品賣點表達的淋漓盡致。

關聯類比法

透過關聯類比與類比對象建立積極聯想，能夠想到該產品的特徵或好處。曾有一個廣告：60 歲的人 30 歲的心臟，30 歲的人 60 歲的心臟，透過這種對比，感覺這個保健品對心臟是有好處的。我曾接觸到一家做行李箱的企業，他強調自己行李箱的輪子是 360 度旋轉的航空輪。提及航空二字消費者立刻想到的是高級感、耐磨性好。所以他那款行李箱賣的特別好。做關聯事物類比有幾個關鍵點：

1. 類比對象與自己的產品具有一定的「關聯性」，只有關聯性才可能建立起聯想，絲毫沒有關係難以建立聯想。
2. 對類比的事物已有清晰的認知且是積極正面的事情。
3. 選擇的類比事物最好具有第一或唯一性特徵的事物。

信任狀背書法

透過信任狀背書能夠增加品牌的可信度，尤其是面臨競爭的時候或大家差異性不大的時候，這個時候更需要信任狀背書來獲得顧客的認同感。有些品牌他會強調自己是正宗的信任狀，透過非物質文化傳承人的身分背書來證明自己的正宗。

品牌故號

一個好品牌源自一個好故事，品牌故號通俗點說就是品牌故事，我把他簡稱品牌故號，一個有故事的品牌，透過故事進行持續傳播。人往往更喜歡聽故事，因為喜歡聽故事是人的天性，故事也相對更容易傳播。我們做品牌宣傳時經常以講故事的方式來給消費者講道理。一個傳神的品牌故事文案是有規律的。接下來我拆解一下品牌故事的寫作手法。

先提出一個價值主張，根據價值主張刻劃人物角色定位和人物畫像。價值主張和人物確定後，就是書寫過程。在過程中先找到故事緣起的懸念，有了懸念顧客才會去鑽進去看個究竟，在故事情節中製造「衝突與反差」，一波三折推向「高潮點」。過程中的衝突與反差要突出「情節與細節」，透過情節和細節展示，扣人心弦。最後結尾給出意外的結局，最後出現的結果都是事與願違的或者是悲劇結尾，只有悲劇結尾才能給讀者留下遺憾，有了遺憾才能夠吸引更多的人去關注。

中國杭州有個中藥鋪叫胡慶餘堂，我相信很多人都聽說過，也是做中藥材生意的百年老字號，裡面掛個中醫號都好幾百上千，其實胡慶餘堂就是晚清紅頂商人胡雪巖的一部家族興衰史和功德史。

胡雪巖小時候從安徽來到浙江做藥材生意，慧眼識才資助少年王有齡讀書，王有齡後來大學畢業做了湖州知府和浙江巡撫，王有齡知恩圖報，他在湖州當差期間給胡雪巖提供方便，讓胡雪巖經營絲綢和錢莊生意。胡雪巖沿著王有齡這條線，後來結識了朝中大臣左宗棠，也獲得慈禧太后的賞識，慈禧太后還給胡雪巖頒發過黃馬褂。所以胡雪巖的前半生順風順水，官運財運恆通。讀過歷史都知道左宗棠與李鴻章不合，李鴻章覺得要弄倒左宗棠，必須先斷了左宗棠的財路，因為人是英雄錢是

第三章　整體產品設計與熱門商品創新

膽。所以李鴻章就找機會先把胡雪巖廢了，胡雪巖最後臨死前就提出一條要求，所有錢莊、絲綢等生意都可以不要，只希望把胡慶餘堂留下來，用於濟民救世。胡雪巖用一生的積蓄來保住了胡慶餘堂，胡慶餘堂也是胡雪巖一生的留名千史的功德事蹟。

從胡慶餘堂的品牌故事中你發現他有人物，就是胡慶餘堂的老闆胡雪巖。他的價值主張就是為濟民救世，承諾真不二價。故事情節一波三折。最後的結局也是悲劇。

品牌基因評價標準

品牌基因好壞，決定著一個品牌在未來能否做成功、做出名。它是有一個相對的量化評價標準，一個品牌能不能做成功我們在品牌管理實踐過程中往往從以下幾點去判定：

1. 辨識度：簡單、易辨識、易記憶，強調差異化，突出特色。
2. 記憶度：能夠留下什麼印象，記住什麼核心要素（記憶點）。
3. 認知度：符合正面心智認知，能夠產生心智共鳴（客戶認為你是什麼？）根據這個記憶點顧客會認為是什麼。
4. 聯想度：根據記憶點顧客會快速建立積極的品牌聯想，消費者看到品牌會想到什麼好處？能否刺激產生行動。
5. 內涵度：品牌富有內涵，具有一定的象徵意義
6. 排他性：能夠獲得法律保護，如：能夠申請註冊商標，造成保護自己智慧財產權的作用。

結合以上品牌定位體系與品牌基因體系，我們再做個總結，梳理出品牌規劃的七個步驟，這七個步驟也是企業做品牌診斷和品牌規劃經常會用到的一套邏輯和方法。

品牌規劃七步驟

第一步：品類定位

前面我提到過品類是消費者購買的第一入口，所以品類選擇是做產品規劃的起點。品類定位需要解決以下關鍵內容：

品牌具有什麼品類屬性？代表什麼品類，根據業務範圍界定品牌代表的細分品類。

品類存量規模與未來趨勢以及品類發展背後的驅動要素。

品類顧客認知度：清晰與模糊。

品類聯想。

品類細分度和品類集中度：是否有機會切入。

第二步：品牌特色定位

品牌具備什麼特色或不同？以及特色背後的品牌文化內涵、象徵意義？品牌特色、文化內涵的來自兩個方面，一個是源自創始人的初心，另一個是從產品中自然生長出來的。

品牌是在創始人初心中自然長出來

回歸到品牌的起點，當初是在什麼情況下創始人提出這個品牌？把品牌發展的歷史回顧一下就能找到那個品牌核心原點。

品牌在產品上自然生產長出來

很多品牌早期都是做了一款好產品，從第一個產品開始進行品牌化運作，產品賣火了，品牌就起來了，我把他歸結為「品牌特色」是建立在產品特徵之上發展起來的。

第三章 整體產品設計與熱門商品創新

第三步：品牌核心價值定位

品牌特色具備什麼價值？價值主張是什麼？往往根據產品能夠兌現的功能或企業使命來確定品牌核心價值。

第四步：信任狀確立

顧客憑什麼相信你有這種特色和獨特的價值，這就需要找到支撐價值可信的信任狀。

第五步：品牌傳播點提煉

根據第一性原理提煉品牌價值主張，提煉一個能夠打動人心的獨一無二的傳播點，進行聚焦傳播。

第六步：場景化的互動點設計

根據場景特徵設計一個溝通互動點，互動點是與消費者溝通的方式。把互動點放到顧客消費場景中與消費者進行互動。透過場景中的互動來活化傳播點。

第七步：品牌壁壘設計

品牌特色、價值是否很容易被替代或別人的替代成本是否遠遠高於自己，產品壁壘越高，對手模仿越難，品牌的溢價能力也就越強。

接下來我拿一個真實的香草豬案例來詮釋這七個步驟在實踐中是如何執行的。

品類定位：國外獨創的香草豬，提及香草豬，消費者馬上想到的是不是吃草長大的豬，會很快建立一個正面的聯想。

品牌特色：真是吃草、喝山泉水長大的這就是特色，大眾認知豬都是吃豬飼料長大的，對吃草的認識是健康的、綠色的。

品牌核心價值：香而不膩。

信任狀確立：政府機構參與研發，從基因改良開始，自建牧場等一系列的背書。

　　傳播點提煉：去菜市場買豬肉的都是一般家庭居多，當時記憶大家都是吃自家養的豬肉，那個年代人都還吃不飽，不可能給豬餵飼料，都是去田間挖草餵養，那時候的豬肉鮮香流油，記憶猶新。

　　場景化的互動點設計：在超市生鮮區、菜市場門面，做產品體驗品鑑推廣，吸引很多消費者參與。

　　品牌壁壘建立：從源頭基因改良、種豬繁育、養殖、屠宰，在全產業鏈建立壁壘，讓對手難以模仿。即便對手模仿這個全產業鏈建設都是屬於重資產投入，需要龐大的資金、時間，短時期很難做到。

　　這就形成了一個高階品牌，對手也只能白天去看看，晚上次去想想，一時半會找不到切入點，無從下手參與這個品類的競爭。

6. 產品占位

　　產品占位是根據品牌個性和特色以及品牌演繹故事進行產品線規劃，品牌承諾和品牌個性必須與產品功能和產品特色利益點保持高度的一致性。在產品線中找出一款最能展現出品牌特色或個性的產品作為品牌的載體，透過該產品的特色利益和有效功能把品牌承諾的價值表現出來。如：品牌承諾是安全、健康。做出來的產品一定是環保、品質好，而不是假冒偽劣商品。這就是產品占位。

產品占位三要素

　　產品品類占位：產品屬於是什麼品類？主食類（解餓）、代餐零食類（解餓又休閒）、零食類、消費品類、還是工業品類等。品類越具體就會

第三章　整體產品設計與熱門商品創新

越清晰，在上面品類內容中已經闡述過。

產品價值占位：該產品有什麼核心功能，能夠為客戶解決什麼問題？帶來什麼好處？來展現出產品的價值。

產品賣點占位：產品的價值可能是抽象或模糊的，要把產品價值提煉出一句更具體的話，產業把它稱為產品賣點。

那產品賣點怎麼提煉呢，我們有一套賣點提煉的方法，叫賣點 4C 法則。4C 法則也就是從四個角度來分析、提煉產品賣點，即：競爭（competitor）、企業（company）、顧客（customer）、信任（credentials），分別提煉產品的差異點、價值點、利益點、利益支撐點（也稱信任狀）。

我們先看從競爭角度（competitor），挖掘產品的差異點，突出不同。挖掘不同也可以從不同的方面來入手。比如：原料特色：你的選材與別人不一樣的地方；工藝特色：生產工藝與別的不一樣的地方；包裝工藝特色：你的包裝形式與別人不一樣；文化特色：地域特色風情、歷史典故、人物傳奇故事；消費者內心情懷：消費者內心想要的是什麼？代表什麼時代元素。

從企業角度（company）挖掘價值：這種差異或特色能夠幫助客戶解決什麼具體問題？能解決哪方面的問題？這就是企業提供的顧客價值。

從顧客角度（customer）來挖掘顧客利益點：企業提供的這些價值到底對顧客有什麼好處？價值和利益嚴格意義不是一回事，價值是站在企業的角度來看企業能夠提供什麼價值，利益是站在顧客的角度，顧客能夠獲得什麼利益或好處。

從信任狀角度（credentials）：顧客憑什麼相信你有能夠提供這種價值或好處。透過實事佐證讓顧客相信企業的確能夠提供這種價值。產業通常會透過真實案例、榮譽資格、獲獎證書等作為背書材料提升信任度。

產品有了賣點其實還沒有完全結束，關鍵是如何讓顧客感知到這個賣點給他帶來的好處，這才是關鍵所在，很多人的產品你發現賣點都是模糊的、顧客無法直接感知到。解決產品可感知最有效的方式就是賣點視覺化。根據產品獨特賣點和效果特徵，設計衝擊力的視覺化效果體驗，透過視覺衝擊讓顧客感知到產品價值。關於視覺化的方法我在後面會詳細闡述。

賣點視覺化

賣點視覺化是我在一次幫助一家上市企業做諮商時提出來的一個概念，研究發現人類獲得資訊的來源中，視覺途徑占83％，聽覺途徑11％，其他途徑合計6％。由此來看，視覺是人們獲得訊息的主要來源，所以把賣點轉化為可以看得到的價值，是打動客戶非常重要的一種方式。腦科學研究發現人的感官系統和原始認知決定人的行為和判斷。所以人更相信他看到的東西，而不相信他聽到的東西，即：眼見為實，耳聽為虛。這就是賣點視覺化的依據。

賣點視覺化三大原則：

第一條：突出不同；挖掘與眾不同的價值點，即：具有獨一無二的核心賣點，不求更好，但求不同。

第二條：效果見證；顧客能夠直接感知到產品的價值或好處。如果產品的價值不可感知或感知性非常差，這個賣點視覺化的衝擊力就會打折扣。

第三條：比較效應；找到賣點價值錨，透過對比見證，來突出不同的差異化價值和優勢。哪怕自己做的不足夠好，你只需要比對手做的好就可以打動顧客。

第三章　整體產品設計與熱門商品創新

我們來回顧一下我們上學的時候，你認為成績排在前3名的同學壓力大，還是排在後3名的同學壓力大？從邏輯上講好像是後3名的同學壓力大。經過調查發現：實際上是排在3名的學生壓力更大，最大的就是第一名。讀不好就退步，其實後3名的同學他們的滿意度往往非常高，因為他們很容易進步。所以後3名的同學人緣往往比前3名的人緣好，稍微努力一下就進步，進步了就請大家吃飯。很多成績一般的人更願意幫助後三名的同學進步，後3名學生很容易進步，獲得成就感，有了進步就會經常請吃飯，在人際關係中你發現後三名的學生比前三名的學生同學關係更融洽。

如何做好效果視覺化？有幾種效果視覺化執行方法我拿出來與大家共享，這是平時我在做產品諮商中經常用到的幾個殺手鐧。

直接效果視覺化

直接效果視覺化顧名思義就是把產品效果直接呈現給顧客，讓顧客直接看到或感知到產品好處或效果。直接效果視覺化的適用條件：見效快且操作簡單的產品，無需藉助其他輔助工具，透過產品體驗很快就能夠看到效果，效果顯現的時間越短越好。產品見效快、效果好是直接效果視覺化的基本前提。在實際操作過程中就是拿產品或樣品讓顧客體驗，在體驗過程中看到真實效果。

我也曾為一家優秀的戶外照明企業做諮商，我剛去第二天時他們老闆跟我說最近他們打算競標一個大專案，問我如何才能讓自己的產品在競標過程中脫穎而出？由於我接手這個專案對企業和產品不太了解，我就問他產品有什麼優勢？他說我們優勢很多啊。比如：光效好、外觀好看、節能效應、防水性好、耐高溫、安全性高、核心部件都是我們自己獨立研發的、服務好等等，講了一大堆，他在說我在聽，同時在思考假

如我是負責政府招標的,我最關注什麼?安全性一定是第一位,因為萬一漏電了都是人命關天的大事。思考與安全性有關的產品要素有哪些呢,防水性、耐高溫性,因為戶外照明燈都是在常年在戶外經受風吹雨淋、太陽晒,防水性和耐高溫性就變得特別重要。至於節能效果,反正不用自己掏錢繳電費,無所謂。外觀好看的因素,晚上除了能夠看見光,燈都看不到,外觀好看基上本沒有用。我就抓住防水性和耐高溫做賣點視覺化。我請他找個電磁壺加滿水,然後把燈丟到水裡,慢慢加熱,一直燒到 100 度。當時很多人都不理解我做這件事的目的和意義。我是在模仿戶外的最惡劣的天氣環境。結果水燒開後燈還是亮的,連續測試三次確定沒有問題。我說等下個月你們招標的時候,就帶著電磁壺上去,煮給大家看。結果招標那天他們負責招標的人帶著電磁壺上去,也不報價,先煮 15 分鐘,然後說,我們的戶外照明燈一流的防水和耐高溫。當時現場的人都傻眼了,招標方說誰家的燈也拿來煮一下。由於其他公司事前都沒有做過這種試驗,沒人敢上去煮,心裡沒底,萬一不過關就成了客戶的黑名單,都沒人敢去參與這個試驗。最後現場宣布由他們家得標。透過這個案例獲得啟發是:視覺化賣點一定是購買方最關注的優點,而不是所有優點,也不是優點越多越好,而是找到一個能夠打動顧客的優點,把他展示出來。

感知效果視覺化

感知效果視覺化是產品的某種好處,能夠讓顧客透過聽覺、味覺、觸覺等其他感官來體驗到產品的價值和好處。

適用條件:視覺無法分辨好壞,只能透過其他感官體驗來感知才能分辨出來的價值。

操作要點:分析產品特徵和價值,一定找到一個可以透過非視覺感

第三章　整體產品設計與熱門商品創新

官能夠直接感知到的差異或好處。而且感知到的要素符合客戶認同的好標準。如果感知的要素不符合的價值標準也不行。這個感知要素是顧客認為好的標準或依據。而不是自己隨意定義的好，自己定義的好處有時候顧客不一定認帳。

我曾經幫一家汽車公司做諮商專案，我問他們老闆，你們家的車和別人比有什麼不一樣？他說拿最簡單的來說吧，我們家車門是整塊鋼板鑄造的，車門是乘客生死出入口，確保安全性更高。別人家的車門很多都是三塊鋼板銲接的。我說你們整塊鋼板鑄造和三塊鋼板銲接，噴上烤漆，神仙都不能分辨出來誰家是整塊鋼板鑄造的，誰家是三塊銲接的，他聽完我的描述說也是哦。然後我就研究這兩個車門的差異。我無意中關上車門，發現整塊鋼板鑄造的關車門的聲音是砰的一聲，聲音很厚重，聽起來就有安全感。三塊鋼板銲接的關門的聲音是：啪的一聲，聽起來很輕浮。我立刻跟他們銷售經理說，你們介紹車的特點時突出安全，透過你們的鑄造技術，展現出你們車的安全性，最後讓他聽聲音進行對比，讓顧客直接去感知這種不同。後來證明這種對比效應非常明顯。你跟他講半天鑄造和拼接，他又看不到。聽聽聲音就有安全感，就很有說服力。

我們逛超市時經常看到很多食品品牌在賣場做產品試吃、免費試喝等各種形式的產品體驗，其實就是透過體驗來突出產品的差異。有個抽油煙機公司他強調自己的大吸力，為了展示這種大吸力，他把抽油煙機馬達聲音調得很大，你在廚房開啟抽油煙機就感覺廚房裡裝了一臺發電機，說話都聽不清，顧客感知就覺得聲音大吸力就大，這就順應了顧客認知。

112

道具效果視覺化

　　道具視覺化就是當產品賣點無法透過人類的感官直接感知時，就藉助輔助工具來把產品的賣點展示出來。

　　適用條件：產品操作複雜或無法透過感官直接感受到產品效果，需要藉助專業工具來判斷好壞。

　　操作要點：製作一種簡單的專業道具來替代複雜的產品，或把產品全部、部分功能植入到道具中，藉助道具來呈現產品功能。

　　我曾經輔導過一種處理甲醛的光觸媒技術油漆公司，這種技術賣點無法直接感知做到，推廣難度非常大，後來我們就想到做一個甲醛的檢測儀器，用我們的產品之前先用檢測儀器去房間裡做甲醛檢測，那個甲醛數據是嚇人的。用完產品後再檢測一次，這個甲醛含量的數據就大大降低了，透過前後的數據對比讓顧客看產品效果。

　　某品牌弱鹼水，他為了證明自己的水是弱鹼性，做產品推廣時，每個一瓶水都附一個PH試紙，根據PH試紙的測試結果來證明他們是弱鹼性。

　　我曾有個朋友做矽藻泥塗料的，做過建材家裝的人都知道，這個產業競爭很激烈，而且產品同質化嚴重。他做的矽藻泥塗料有環保概念，這種環保材料處於市場培育階段，消費者內心都需要環保的油漆，尤其有小孩子的家庭更重視環保概念，但是他們無法感知這種油漆是環保的，外觀上看不出來環保效果，他就請我過去幫他提提建議。我跟他說你早上去菜市場買菜時買幾條泥鰍回來，然後用矽藻泥把牠養著，看看能夠活多久，如果一直活著證明這個矽藻泥的確是環保的，當顧客過來時，你就把這個活蹦亂跳的泥鰍給客戶看，告訴顧客你已經養了多久了，天天泡在裡面都沒事，用鮮活的生命去證明給顧客看，顧客就會相信真環保。

效果集中視覺化

把產品效果在同一個時間或同一個地點集中展現給顧客。

適用條件：適用見效週期長的產品、操作複雜的產品。

操作要點：往往選擇在效果最佳時期，策劃效果見證活動，進行集中效果展示，證明產品效果。

我們在做農業專案時經常用到的一種方法，大家都知道農業是有生長週期的，而且這個週期非常漫長。所以農產品的企業都會做示範田，把示範田的莊家種植最好，往往會選擇在長勢最好或豐收季節邀請種植大戶、農民觀摩示範田，產業統稱觀摩會。

過去做除草劑諮商也是經常用到效果集中視覺化方法，用過除草劑的和未過除草劑的田地進行效果對比，讓農民集中到田地裡參觀，眼見為實。打過除草劑的田地雜草很少，未打過除草劑的發現雜草比禾苗都高，透過這種效果見證來促使農戶購買。

當年勞力士為了證明自己的手錶抗摔，他就在一個廣場上做實驗，把人聚集在露天廣場上，然後把手錶從空中往下丟，撿起來發現完好無損，用這種方式來展示它的抗摔優點。

差異點視覺化

產品具有明顯的差異化，就把差異點突顯出來強調他的效果。

適用條件：產品賣點效果不明顯或好處難以感知到，但是產品很有特色，這就需要突出這種差異化特色。透過與眾不同的差異來獲得顧客認同感。

操作要點：

找到的這個差異點一定比較明顯，這個差異點能夠引發正面聯想，

差異點能夠對顧客產生一定衝擊力。但是追求差異化時一定要避開差異化陷阱。這個差異化陷阱就是差異點一定是對客戶有價值的，不能為了追求差異化而刻意去強調無意義的差異點。

　　小罐茶的創新點，其實就是走的一種差異化路線，過去茶葉的銷售正規化都做大包裝按斤賣，小罐茶就做小包裝，按罐賣，強調小罐茶更方便，顯得顏值更高、品級更好的一種精品路線，從而獲得了成功。

　　我曾有個朋友做女性內衣的，他按照常規的方法，把內衣分成A、B、C、D、E五個不同的型號，然後每個型號再做出四種不同的顏色，一款普通的內衣做出20個單品。他有個競爭對手，上來就做一種單品，叫無鋼圈內衣，強調無鋼圈更舒適，把他打的滿地找牙。還沒等他緩過神來，又出來一個大神，他只做一款產品叫「無尺碼」，其實就是背心。這種無鋼圈、無尺碼，適合不同的年齡、不同的場景、不同職業的人穿。結果把前面的傳統鋼圈內衣和無鋼圈內衣打的昏頭轉向。因為無尺碼採用同一種款式、同一種布料，原料採購成本更低，工人熟練程度更好，導致他的成本大幅下降，最終搏得了使用者的歡心，贏得了市場。

企業實力視覺化

　　企業實力視覺化就是企業具有獨占性資源或其他核心競爭力，就把企業實力重點呈現出來。

　　適用條件：當產品效果不明顯、又沒有差異化，但是企業還是具有一定的實力和特殊背景。尤其是多元化經營的集團企業，可以讓企業為產品背書，提升客戶信賴度。

　　操作要點：挖掘出企業的可圈、可點的亮點，能夠展現出企業實力的要素，獲得客戶認同的資源和實力，並進行包裝、放大亮點效應。

　　有個乳品集團在剛成立時，品牌影響力不高，但是他有一個能夠獲

第三章　整體產品設計與熱門商品創新

得客戶信賴的亮點工程就是世界模範工廠，這個模範工廠是利樂贊助建設的，看上去非常專業，整個環節實現了流程自動化。在推廣過程中，就要求意見領袖、大客戶、媒體等到公司來參觀世界模範工廠，然後形成口碑效應。那個時候我們每年都邀請大客戶、代理商到工廠參訪，樹立雙方合作的信心，以此增加經銷商對品牌的忠誠度。

符號視覺化

符號視覺化設計一個生動化的符號，透過生動化的符號與顧客產生情感共鳴。

產品效果不明顯，也沒有差異化、企業實力也一般，就設計一個具有靈氣的卡通人物，生動的卡通人物就是產品化身。透過卡通人物與人進行互動，增加客戶黏著度。

故事視覺化

好產品背後一定有一個傳奇的故事，做一個有故事的產品，在年輕一代人裡，更追求文創元素，好用和好玩的創意元素，透過故事與消費者產生共鳴。

在產品效果不明顯、又沒有差異化、也沒有可參觀亮點、也做不出視覺符號的情況下，能不能低成本做個創意，創作一個能夠引發心智共鳴的故事。用故事來連線顧客心智，故事能夠讓產品獲得更好的溢價能力。

在國外有一個度假村，那個度假村有一道特色菜就是烤乳豬。他們家的烤乳豬不是一般的烤乳豬。每次賣烤乳豬之前都會先有一段小豬表演。工作人員先讓遊客集中到山腳下告訴遊客，我們這裡的小豬都是自然生長，吃的是山上的野草，喝的是山泉水，每天做跳水鍛鍊，個個身

體都特別健壯。然後把小豬趕到山頂上，山頂下面有個池塘，讓小豬就從山頂上往下跳。很多遊客眼睛看著小豬跳水，心理想的卻是這隻豬是紅燒好吃，還是烤肉好吃。正在這個時候工作人員跟遊客說：中飯的時間到了，我們這裡的特色就是烤乳豬，這種跳水的小豬很適合做烤乳豬，888元起拍價。由於前面有了故事鋪陳，沒吃就開始流口水，本來只賣800多一頓飯，最後拍到1,350元，這可是高溢價。關鍵是來度假村度假的都是不在意錢的人，都感覺到這裡來不吃一頓烤乳豬等於白來一趟，大家還相互拍照上傳，這就是故事的魅力。

我們在做故事視覺化時有一個關鍵環節就是產品創意的源發起點要充滿傳奇性，只有傳奇性才能吸引消費者去關注。傳奇性的角度一般有兩個來源：

一個方向是產品創意原點源於創始人的不平凡經歷和社會功德。類似前面講到的胡慶餘堂的品牌故事等一些老字號路線。

另一個方向是產品創意源自悠久的歷史文化典故或地域特色。即：當初產品最早的創意來源是什麼。開發這個產品的緣由是什麼？從中挖掘故事要素，提煉產品故事。

特色服務視覺化

企業在服務方面比較有特色，就把自己的服務特色重點展現出來，讓顧客親眼目睹一下。

特色服務視覺化使用條件：企業產品功能不容易辨識，產品也沒有明顯特色，但是在服務方面可以找到視覺化的差異點，你可以透過服務視覺化來替代產品視覺化，尤其更適合服務產業。

我們經常去餐廳吃飯，遇到最多的問題是不是上菜太慢，生意越好

第三章　整體產品設計與熱門商品創新

的餐廳，上菜就越慢，越是餓的時候越感覺餐廳上菜慢，總是三番五次的催廚師。有一次我去外地出差，遇到一個高手。中午我們找一家餐廳吃飯，點完菜，服務員在桌子上放一個沙漏，說了一句話：30分鐘內沙漏裡的沙子漏完，菜還沒有上齊，後面的菜一律免費，然後就離開了。我們四個人開始眼睛都盯著沙漏，那時候的心情是巴不得他們上菜慢一點，我們可以賺幾個免費菜，我們經常在外面出差，第一次見到可以一隻手拿兩個盤子的服務生，真讓我們這些經常走南闖北的人開眼界。好不容易等到沙漏快結束了，桌子上還差兩個菜，我們就開始歡呼，今天可以賺兩個免費菜了，結果一抬頭服務生一手一個盤子放桌子上了。他們勇於承諾就能夠做到及時的兌現，這就是功夫。其實他們只是做了一個小小的差異點，那個差異點就是沙漏，用那個沙漏來突顯特色，吸引顧客的眼球和注意力，顧客就不會催菜，還會給顧客留下深刻的記憶。

　　服務視覺化的一個關鍵點就是能夠挖掘出自身的服務特色，打造與產品高關聯度的特色服務，透過服務展示營造場景氛圍，激發客戶消費情感，留下深刻的記憶，產生忠誠度。服務視覺化點不但要突出自己的特色，而且服務方式最好能夠與顧客產生互動。

文化視覺化

　　有些企業服務沒有視覺化的亮點，只能挖掘一下產業、地域特色、風土人情，看能不能找到一點文化特色，然後把他視覺化。這也是做賣點可視的一種方式。

　　有一次我去新疆出差，到新疆的一個餐廳叫老巴爺餐廳，他們就把新疆傳統文化融入到餐廳中，新疆最具有記憶點的美食是新疆烤羊肉，你到新疆你會發現新疆烤羊肉到處都是，完全同質化，味道也都差不多，很少能夠給顧客留下深刻的印象。我到了老巴爺餐廳你發現他們每

隔 30 分鐘會安排跳一段新疆舞，讓你一邊欣賞新疆舞，一邊吃飯。最後我們都吃的差不多了，我同事為了看那個新疆舞，又多加了兩個菜，這就是經營之道。在身處那個氛圍中菜品已經不是最重要的事了，只要不太難吃，顧客在那個氛圍中更多的是體驗一種新疆的特色文化，深深刻在顧客心中。第二天我有個同事提出來再去那家餐廳吃一頓，這種文化透過視覺化能夠黏住客戶，讓顧客上癮，讓顧客流連忘返。

信任狀視覺化

信任狀就是可以用來為產品賣點背書的材料，這些背書材料能夠獲得顧客對產品的信賴。有些公司有非常多的信任狀。這些信任狀能夠讓顧客對這家企業產生信賴感。信任狀的形式多種多樣，在實踐中常用的信任狀有產業意見領袖口碑、權威專家、名人代言類，這種信任狀是利用消費者對專家、意見領袖的信任從而導致對產品產生信賴感。還有一些信任狀是產品或服務獲得權威資質；如：獲獎證書、專利證書、成功案例、知名合作夥伴、權威數據等，因為這些資質本身就是證明產品身分的依據，比較容易贏得信賴。還有真人現身說法，過去在藥品、保健品領域會經常用真人現身說法，有真實的消費者站出來見證產品的好處或效果，在合法範圍內一切可以為產品做信任背書的元素都可以拿來做信任狀。

過去我做過一個網際網路教育專案，是針對中學生的線上課程。我在研究的過程中發現，學生家長都反映這個課程，對學生沒有用，後來在推廣這個線上課程難度非常大。回去後我請後臺的人把買過學習卡的學生每天線上學習時間統計出來。當把這個資料展示給我看的時候，我發現一個很大的問題。根據統計資料顯示用過此學習卡的人只有 8% 左右。說明 92% 的學生購買卡，回家就丟在抽屜裡，根本沒有去使用。所

以他們反映這個學習卡沒有效果，很多人卻不知道是什麼原因導致沒效果。後來與學校溝通，建議開通學校教室，讓學生利用學校的教室來上課，教室開通 2 個月後，再看學生的效果評價，發現在教室學習的同學成績有明顯進步，把這個測評結果給家長和老師看的時候，確定證明這個學習卡對學生的學習是有幫助的。透過學生自己的書面評價和月考成績單作為信任狀，就打動了老師和家長支持購買線上課程。

做信任狀視覺化時有一個非常關鍵的事，就是信任狀一定要極具有說服力，能夠贏得顧客的信任。如果你的信任狀，客戶覺得不可信，或信任狀沒有衝擊力，這個信任狀就會失效。

承諾視覺化

承諾視覺化就是給客戶一個看得見承諾，透過承諾來主動承擔風險，打消顧客顧慮。

承諾視覺化的適用條件：產品沒有賣點、沒有差異點，企業也沒有亮點，最後只能透過價值承諾來打消客觀顧慮。承諾視覺化一定不是糊弄，所有的承諾必須要做到言行一致，嘴上是怎麼說的，行動上一定要去執行，否則這個承諾就會失效，變得毫無意義。

有一家水果連鎖超市，其實做過生鮮的都有感觸生鮮的損耗是非常大的，而且都是原生態的產品，也很難做出差異化。該超市老闆思來想去找到一個突破口，承諾顧客三無退貨。他的三無承諾是無理由、無實物、無發票一樣可以退貨。不管是誰的原因，企業先把責任攬下來，主動來承擔這個風險。當時提出這個想法時內部很多高層是反對聲音一片，擔心有人會惡意退貨，水果吃完了故意說有品質問題再要求退款等等，反正是不支持三無退貨。他們最後的決定是先找一個區域試試看。這麼一試發現引發惡意退貨的退貨率不足 1%。但是三無退貨承諾贏得了

顧客的信任，會員大幅增長近 3 倍。超市用 1% 的退貨率換來會員大幅增長非常值得。透過這件事證明了一件事：消費者是講誠信的，不會無端的惡意退貨，所有的擔心都是多慮的。

有家賣水管的公司，提出承諾用他們家的水管保證 50 年不壞，第 49 年壞了照賠不誤，還給你簽訂書面的品質保證協定。我當時裝修就是看重他這個書面品質保證協定才決定用他們家的水管。安裝完我就後悔了，房子能不能熬到 50 年都不知道，簽那個協定有什麼用。想歸想，信還是會信的。

承諾視覺化成功的前提是：產品品質必須優良，不能犯低階錯誤。承諾一定是可見，可見才可信，且之後必須能夠兌現承諾。承諾前一定要測試風險大小和風險出現的機率，不能亂承諾。做到風險可度量、風險可控，並充分做好風險防範措施。可以先進行小範圍的承諾來測試風險，如果風險比較低或風險可控再擴大範圍承諾。確保承諾能夠兌現，又能夠有效的控制風險。

7. 傳播升位

產品做好以後要提煉一個傳播點，傳播點是產品的靈魂，透過傳播點與顧客進行溝通，從而提升產品的知名度、美譽度，最終實現客戶忠誠度。

我們在提煉傳播點時一定要結合顧客心智、產品賣點、競爭對手三個維度來進行綜合考慮。也就是說你有什麼與眾不同的價值，顧客認同你這種價值嗎？兩者要達成心智共識，否則就是自娛自樂，你打你的廣告，我消費我的偏好，就會造成廣告和顧客心智兩張皮的結局。提煉一

箭穿心的傳播點就變得非常重要。類似鑽石廣告：鑽石恆久遠，一顆永流傳；其實它就是一塊石頭而已，廣告把他說的神聖無比，讓人愛的死去活來，有些人還會因為不買這塊石頭就不結婚的想法。當然我們不去評判廣告是非，你必須承認一個事實，好的廣告傳播一定是有魔力的。

如何提煉走心的傳播點

傳播點能不能打動使用者，關鍵取決於他的走心程度，傳播點的穿透力決定能不能讓顧客心動。如何提煉走心的傳播點，我這裡有一個傳播點提煉模型，會從社會熱門話題、顧客關注點、產品賣點三個維度找到交集來提煉一個走心的傳播點。

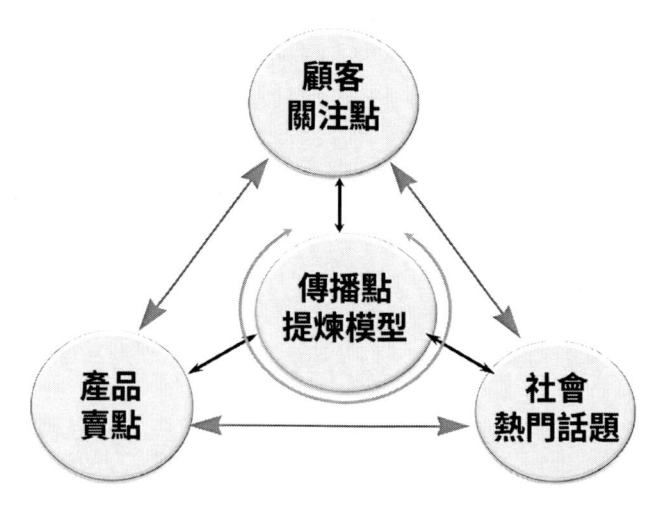

顧客關注點

搞清楚目標消費者關注的是什麼？你是什麼並不重要，顧客關注什麼才是最重要的。找到顧客關注的那個點進行聚焦強調。比如奶粉產業為什麼都買外國品牌，為什麼很多高階家庭對有機食品越來越歡迎？據我了解有些人喝茶不是買茶葉，都是直接買茶樹，然後花錢僱人幫他打

理，確保不使用農藥。其實這些背後也是反映出現代都市人對吃的東西越來越擔心。有些商家就抓住了這點，強調手工、有機、自家種植等，就是突顯出健康的理念。 開 BMW、賓士的人都在乎自己身分的高貴；開 VOLVO 的人更在乎的是安全高於一切；開 Land Rover 的人就是為了證明自己錢多。每個人內心都有一個自己的心結，這個心結就是他們的最在乎的地方，最關注的點。

產品賣點：在前面已經講過了，就是強調出產品獨一無二的核心價值。把這個獨特的賣點突顯出來，讓大家知道、了解、到愛的上癮。

社會熱門話題：要結合社會當下社會環境，找到具有影響力大的，週期比較持久的社會熱門話題大事，比如：奧運國際體育賽事、世界盃等等，可以藉助社會熱門話題進行借勢傳播。很多商家做公益性傳播最善於藉助社會熱門話題，日本大地震引發了人民的關注，他們趕緊捐款，我們在歌功頌德這種大義行為，同時也給我們帶來一些商業上的啟發和思考。

高效傳播的三原則

做任何事要確保效果都會講究一個原則，傳播策略也不例外，接下來我談一下做傳播的三個關鍵原則。根據這三個原則大家也審視一下自己平時做廣告，是否有違背這三個原則。

第一條：強調出獨一無二的價值；

廣告學上交代的獨特的價值主張，就是把產品具有的第一性或唯一性的價值點講出來即可，不需要特別多，一個即可。如果你沒有這種獨特性的價值，講再多也沒用，因為大家都在說一個點的時候，往往聲音最大的那個人的呼喊聲才能被消費者聽到，而且他能夠把其他小廠廣告的呻吟聲

第三章　整體產品設計與熱門商品創新

完全覆蓋掉，在這種情況下做廣告還不如不做，因為做了也白做。

第二條：聚焦效應；

做廣告一定聚焦一個傳播點，堅持選擇一公分的寬度，一公里的深度，只有聚焦才有穿透力，這就是滴水穿石的道理。不聚集的結果，往往廣告如猛虎，效果二百五。什麼都想說等於什麼都沒說，因為資訊量太大了，最後消費者什麼都記不住。這就是廣告學裡少即多原理。

第三條：一致性與堅持；

就是保持傳播的口徑統一、行為統一，而且堅持重複，反覆重複，謊言重複一萬遍，就會變成真理。做廣告一定要相信一致性和重複的力量，一回生，二回熟，三回就能記得住，根據我們過去做過的統計：人的大腦對一個新事物一般是看三遍才會有印象，低於三遍幾乎沒有印象。所以如果你經常換廣告訴求點，廣告打打停停，最後結果是原來做過的廣告全部付諸東流，等於白做。顧客剛對某個品牌或產品有點印象，需要再來一遍廣告加強一下，結果廣告停了，或者更換了廣告，一個新的畫面重新進入顧客的大腦。

高效傳播的十種方法

我上面講過高效傳播的三個原則，在這三個原則下，如何做傳播效果更好、效率更高呢？在實踐中應該如何執行？根據我多年的實戰操作經驗，結合兩家諮商公司的研究結果，總結出十種高效傳播的方法供大家參考。

做傳播要說人話，不要講神話

傳播點一定要通俗易懂，消費者一聽就明白，而不是講一些大眾聽不懂的專業術語來證明自己的專業水準。在傳播學裡有這麼一句話：你

說什麼並不重要，顧客接受多少才是最重要的。用消費者易於接受的方式來傳達產品賣點。我記得我讀小學的時候，語文老師為了鼓勵我們好好學習，他跟我們說：你們一定要好好學習，書中自有黃金屋，書中自有顏如玉，我們大多數同學根本聽不懂，語文老師的這些話看起來很有文采，但是無法激發我們對學習的興趣。記得一個有一次我的數學老師說：好好學習，書中有燒餅夾肉，考上大學了就去大城市裡上班，可以住洋房，不愁吃穿。過去鄉下的孩子個個家裡都很窮，我們的夢想就是未來能夠走出去，來去自由、衣食無憂。數學老師的教導和真實的案例我們是能夠達成認知共識，從而產生心理共鳴的，馬上就有了學習的動力。做廣告別怕俗，關鍵要讓人聽得懂才是硬道理。大家網路查一下十大俗氣廣告，你會發現他們的廣告俗的有志氣，這種俗氣的傳播顧客能聽懂，又能夠賣貨。廣告源於生活，而高於生活。所以做廣告傳播不怕俗氣，就怕不爭氣，盲目的追求高雅，如果對銷量沒有拉動作用，都是枉然。

先理性訴求，再感性訴求

在傳播學裡訴求大致分為兩種形式：一種是理性訴求；也有人理解為功能訴求，因為理性就是把產品的屬性、功能、價值等說清楚，也就是說讓消費者知道你是什麼東西，有什麼價值，能夠幫他解決什麼問題。感性訴求就是從人情感的角度出發，與顧客性感產生共鳴，從而激發購買欲望。理性訴求和感性訴求在節奏上是有先後順序的，一般情況下先透過理性訴求讓顧客了解產品，然後在感情訴求激發購買欲望。一般情況下顧客對產品不了解時，你是很難激發他的購買欲望的。這個基本原理在前面消費者心理研究裡也介紹過。比如王老吉的傳播，他早期就是先做理性訴求：怕上火喝王老吉，讓消費者知道王老吉是降火的飲

料。透過廣告持續的教育消費者，大家慢慢都知道了這款飲料。在春節時開始投放感性廣告：吉慶時分，喝王老吉等廣告。這個轉變就會變得非常順暢。如果沒有前面的降火教育，尤其是很多人根本不知道王老吉是什麼。你傳播吉慶時分喝王老吉，消費者就會茫然，吉慶時分為什麼要喝王老吉？吉慶時分可以喝酒、喝可樂、喝果汁等等，消費者有一百種喝法。所以在消費者不清楚品類屬性和產品好處的情況下，不要輕易做感性訴求路線。

地空結合

做傳播一定是立體組合的打法，空中媒體和地面推廣相結合。正常情況下是三個天空、七分地面。空中廣告為點，地面廣告為面的傳播策略。空中廣告就是指電視媒體、網際網路、社交媒體等。地面廣告是指：線下主題促銷、終端鋪貨、終端推廣、社群互動等形成的整合傳播。空中廣告是集雲，線下推廣是下雨，主題促銷是接水。如果只是單純的廣告投放，沒有促銷拉動，消費者還是不會購買商品。所以三者必須形成聯動效應。不然只看廣告，不購買商品，到頭來還說竹籃子打水一場空，花錢賺聲量。國外有家做酒的企業，曾經的電視廣告標王，據說廣告費相當於每天給電視臺送一輛賓士車進去。上面廣告打的漫天飛，線下顧客找不到他們家的產品，最後透過廣告燒錢把自己燒死。他的失敗就是線上和線下沒有做好協同。

奇正結合

三分奇，七分正；就像喝可樂一樣，三分二氧化碳，七分水，才能找到那種打嗝的爽感。奇是指創新層面，在戰術上要透過創新做到出奇制勝。正是指在產品品質上必須做扎實。如果全是虛無的東西就會被認為糊弄，不要以為商家會比消費者聰明，有時候消費者看了廣告買了產

品，感覺體驗不好，消費者雖然沒有投訴，是因為他懶得投訴，以後他們會直接用腳投票，看到你的產品就繞道走。古代兵法也講究奇正結合，出奇守正的道理。

虛實結合

三分虛，七分實；實是基礎，虛是借力。任何企業的資源都是有限的，不可能做到 100% 的實，在行銷打法上需要虛實結合。有一點我要特別強調，虛的意義並不是弄虛作假來欺騙消費者，對虛的理解不能理解偏頗。核心要素一定要做實，把核心要素突顯出來重點強調它，重點通路、利基市場的傳播必須做實，不重要的地方可以做虛，在古代戰法有個戰術叫虛張聲勢，在點上做實。需中有實，實中有虛，虛實結合。

點面結合

企業的資源都是有限的，哪怕資源再多的企業，也要考慮資源配置的有效性。就是要做到點面結合，在重點通路、市場重點投放媒體資源，非重點市場低配資源。資源的集中使用最大的好處是透過區域性的強點效應帶動全域性。過去做諮商我們也是建議企業線上下活動採用中心造勢，周邊取量，一點代面的模式。把資源集中在重點區域，比如：把資源集中在一個城市的商務圈、重點城市集中投放，做出亮點工程，透過亮點工程帶動全域性。過去常用的模式打造模範市場、模範通路、模範店等，邀請客戶參觀模範市場，從模範市場中提煉成功模式，這些都是比較成功的點面結合模式。

長短結合

長短結合就是廣告投放的長期效應和短期效應要結合在一起，確保短期見利見效，又能促使市場的長期發展。促銷性傳播就是短期效應，一場促銷廣告當下就能產生巨大的銷量，短期收割利潤。品牌建設的傳

播就是長期效應，因為品牌建立需要一個長期培育過程，不是短期靠砸牆就能砸出名牌的。在實際操作時要不定期做促銷廣告來攪動市場熱度；同時兼顧長期品牌投入，提升品牌價值，讓品牌發揮長效作用。

推拉結合

做傳播要想造成好效果必須推力和拉力同時兼顧。推力更側重通路刺激，讓通路發揮推力作用。拉力更側重消費者傳播，透過品牌知名度產生拉力作用。通路推力和消費者拉力相互作用，最後形成合力。一般是先拉後推，就是先刺激通路產生推力，再針對消費者產生拉力。

冷熱結合

冷熱結合就是在銷售旺季和銷售淡季相結合的模式。很多企業做廣告往往選擇銷售旺季的時候做，在銷售淡季就不做傳播了。淡季停播廣告的目的是為了省錢，其實這種打一段停一段的傳播策略不但省不了錢反而會更浪費資源。做廣告傳播和燒開水是一樣的，他需要一個過程，不是看水快燒開了，就不加柴了，靠鍋的餘熱把水燒開，其實你在抽掉柴的同時，鍋的溫度和水的溫度都會同時降下來。等你發現水溫下降需要重新加柴煮沸時，又要從冷啟動開始。冷啟動就需要一個過程，而且冷啟動需要投入更多的資源，等你完成冷啟動說不定銷售旺季可能就過了。我建議銷售淡季可以減少傳播的投入，只需要保持市場溫度不下降，提醒消費者不要忘記品牌，而不是一刀切。銷售旺季加大投入提高溫度，透過高熱度提升銷量。

貼近使用者體驗的溝通

未來資訊化時代，誰離使用者越近，誰就越懂使用者，越能贏得使用者。購買決策權的轉移決定未來貼近使用者的互動推廣變得越來越重

要。類似小米的米粉會、活動展示、場外迷你秀等,各行各業都突然明白,以使用者為中心的產品體驗才是王道,都將傳播重心下放到使用者介面,而不是像過去只停留在通路層面,所以傳播都是表演給經銷商看,都是為了招商為目的。

企業做傳播經常犯的一個錯誤就是不知道我們投的廣告效果如何,或者如何評價我們的廣告投放效果。廣告業曾流行這麼一句話:我們每天投放的廣告至少一半是浪費掉的,但是不知道到底是哪一半是浪費的。在做傳播雖然我們做不到不浪費廣告資源,但是提升傳播效率的方法還是有的,經過悉心的研究還是能夠發現一些規律。我來分享給大家我們過去是如何評價廣告效果的。

$$傳播效果 = \frac{傳播時間}{傳播資訊量}$$

我們根據這個傳播效果的評價公式,我們可以看到行銷傳播的效果,有兩個核心要素,一個傳播的時間,另一個是傳播資訊量,兩者是成反比例關係。也就是說傳播時間確定了,傳播資訊量越大傳播效果就會越差。在廣告業有一個共識觀點就是什麼都想說,等於什麼都沒說,在有限的時間裡傳播無限資訊量,傳播效果趨於零,這就是少即多的原理。因為時間既定了,人的大腦記憶是有極限的,傳播內容越少大腦越容易記住。同理傳播資訊量既定了,傳播時間越久,消費者對廣告的印象就會越深刻,這就是我一直提醒經營者的要聚焦和堅持,不要經常換廣告訴求點。你要想取得好的效果,就應該遵守這個產業的規律。

8. 認知對位

　　傳播與認知錯位，一切廣告都白費。所有的賣點和傳播訴求一定要符合消費者原始感性認知和正面的價值聯想，不符合消費者認知的傳播都會變得無效。很大一部分消費者不買你的產品，不是不需要，而是不了解，或者你給消費者傳達的訊息不是他想要的東西，存在資訊錯位。所以我們在做產品時，在確立產品概念之前一定要先論證顧客是如何看到這個產品概念的，對這個產品顧客認為是什麼？是否願意接受等，都需要進行認知測試，認知測試通過了再去正式立案開發，否則就變成了勞民傷財，白忙活。認知測試是需要在產品立案之前做的一件事，包括內部測試和外部使用者測試，尤其是外部使用者測試變得非常重要。做產品不要指望去改變人類的原生認知，改變人的認知是需要付出很大的代價。因為人類一個新認知的形成是需要一個長期過程的，需要先把過去的記憶或認知先清洗掉。認知是如何形成的呢？我過去是研究心理學和腦科學，我發現認知的形成也是遵守一定的邏輯和過程，認知是伴隨著人的成長過程建立起來的，而且這個建立的過程是需要反覆強化後，把這個認知訊息深深的刻在大腦神經元上。神經元上的訊息就是人們判斷事物的參考。比如過去我們讀書都知道英雄，我們對英雄的認知是充滿正能量的，有了這種認知，見到英雄你對的他們的尊重就會油然而生。一朝遭蛇咬，十年怕井繩其實也是說原始認知對人判斷事物的影響力。

9. 產業固位

　　產業固位就是建立產業壁壘，透過壁壘固位自己的產業地位，防止對手顛覆。在經濟快速發展時期，各種市場機制還不完善，尤其在智慧

財產權領域，很多人都不願意做原創性的創新。一是原創性的技術需要一定的時間才能做出來，關鍵是能不能成功有時候還要賭運氣，造成過去很多人透過模仿對手產品來發展企業。曾有家企業做一款產品叫六個核桃，等六個核桃賣紅了，7個核桃上來了，8個核桃也有了，9個核桃也在市場上亮相了，還有10個核桃。有些人發現10個核桃還不過癮，乾脆用個全是核桃，各種核桃百家爭鳴，相互爭寵。所以一個原創性的產品做出來，在上市之前都要考慮好如何建立排他性壁壘，來鞏固自己的地位變得非常重要。在實踐中我常用的壁壘建設方法有以下幾種方式，拿來與大家分享。

技術壁壘

從全球來看，目前建立產業壁壘的方式中，技術壁壘是最常用的方式，企業做出原創性的即時，向政府相關部門申請技術專利保護，透過技術專利在一定程度上能夠造成抑制對手敵意模仿的作用，對手想借用技術也可以向自己購買，讓自己能夠透過出售專利獲得自己應有的回報。

通路壁壘

有些產業對通路的依賴度比較強，比如農業領域，對通路依賴度比較高，企業與通路商結成策略聯盟，形成事業共同體和命運共同體，建立通路壁壘，透過不斷深化廠商合作關係，形成市場上的銅牆鐵壁，對手想進入某個市場或在某個市場立足就變得比較艱難。

地域壁壘

有些特殊產業可以透過地域的區位優勢建立壁壘，區位優勢往往是比較難以模仿和複製，尤其是自然條件形成某種特定資源。如：港口產業就具有明顯的地域壁壘，港口必須依託大海，這些自然資源在陸地是無法複製的，陸地不可能去複製一個港口。

政策壁壘

有些產業是依託於政府的某種特殊政策發展起來。比如：金融業、生物製藥、危險品等必須獲得政策許可才能進入該產業。沒有取得許可是無法進入的，這就是政策壁壘。

關係壁壘

有些企業擁有特定的稀缺性關係，他就能形成自己的優勢，建立排他性壁壘。如：特定的社會關係、通路關係、上下游產業資源關係等。有些企業在整個產業鏈上建立了穩固關係，相對沒有這種產業關係的企業就有更多的優勢。緊密的關係能夠提高產業鏈的協同效應，協同效率高了自然就能降低成本，讓產品更具有成本優勢。

人才壁壘

社會發展慢慢進入科技時代，競爭也進入精細化競爭，科技時代人才是第一生產力，企業擁有一批優秀的人才儲備，你有別人沒有，你就建立了人才壁壘。比如巴菲特就是波克夏的人才壁壘，比爾蓋茲就是微軟的人才壁壘。我們追蹤研究很多企業發現一個規律，一個企業一旦創始人退出或退休，企業就面臨著生死考驗，其實很多時候你會發現創始人就是一個企業的核心競爭力。拿蘋果來說賈伯斯退出時蘋果公司的經營陷入混亂，最後賈伯斯二度出馬才拯救了蘋果公司。

以上我用了大量模型、案例來詮釋了熱門商品開發的九位模型，也是開發熱門商品時必須考慮的九個維度，缺一不可，在這個模型中針對每個環節都提出了清晰的路徑、方法、工具。讀者朋友們掌握這個九位模型也就掌握了熱門商品整體設計的九元真經。這個九位模型不是我憑空想像出來的，而是根據我做產品經理的多年提煉出來的，並且經過實踐的反覆驗證。

當你把熱門商品做出來後投放到市場發現銷量平平，你所做出來的產品並沒有像你想像的那麼偉大，面對這種情況你可能會很沮喪，甚至懷疑我的告訴你的方法無法幫到你。別著急，我告訴你出現這種情況純屬正常，做熱門商品的路途是不平坦的。跌倒了不可怕，當失敗來臨的時候，你一定要有應對的方法，這才是你的成功之道。當你的產品魅力不夠的時候，顧客不買單也很正常，因為你的產品還沒有足夠的魅力打動顧客，讓其心甘情願的掏腰包。如何讓產品能夠更好的打動使用者呢？讓顧客愛上你的產品，對你的產品消費者上癮。接下來我講一下熱門商品整體魅力化設計。

商品魅力化設計

在講產品魅力化之前，我先講三個重要的基礎理論：就是馬斯洛需求層次理論、KANO 理論，再順便提一下整體產品設計。這三個理論之間也是有一定的關係的。

1. 馬斯洛需求層次理論

馬斯洛需求層次理論想必很多人都提過，我在此一點而過，稍微照顧一下沒聽過的人，說明一下心理學常識。馬斯洛（Abraham Maslow）把人類的需求從低到高分為五個層次；分別是：生理需求、安全需求、社交需求、尊重需求和自我實現需求。從最基礎的生理的需求，包括：吃住行、睡眠等，最基礎的需求是確保生命體能夠延續。然後上升到安全的需求，其實安全需求也是存在生存的邊沿上，確保生命不被受到威

脅。人類度過了有吃、有喝，相對安全的階段後，慢慢上升到社交需求，也就是進入到情感層面的需求，神聖的愛情關係、友情關係、親情關係等各種社會交往關係。再上升到被認可的需求，用現代化來說就是刷存在感，獲得他人的尊重。最後發展到最高級別的需求就是自我實現的需求，追求夢想和人生的崇高理想。到達這個階段的人基本把人生都想通透了，什麼吃喝玩樂，什麼社會地位都是身外之物，終於找到了內心真正想要東西，就是真正實現人生價值。生理需求和安全的需求都是基礎的生存需求，後三個更側重精神層面的追求。

整體產品理論

就是整體產品的三個層次，從核心產品、到形式產品、附加產品、潛在產品等。我們做產品魅力化也是圍繞這三個層次來展開的。每一個層次都要確保不能有重大缺陷。產品的三個層次之間的關係不是簡單的加減乘除關係，而是 3－1=0 的關係。也就是說其他兩個方面做的都很完美，只有一個方面做不夠好，對顧客造成了傷害，顧客不會因為你其他兩個方面做的完美而去包容你做的不好的那一面，他會直接否定你整個產品，這就是 3－1=0 的結果。

2. 客戶需求 KANO 理論

KANO 模型是由日本的 KANO 教授提出來的，KANO 教授認為使用者的需求是有先後次序的，KANO 教授把需求分為：基本需求、期望需求、興奮需求。只有先滿足了基本需求，才會有後面的期望需求和興奮需求，其實 KANO 教授提出的這個需求的次序模型與馬斯洛需求層次理論有近似的道理，只是看問題的角度不同。但是我們把這三個理論結合

商品魅力化設計

在一起,你會發現對我們的實踐十分有意義,能夠有效的幫助我們找到熱門商品魅力化的入手點。

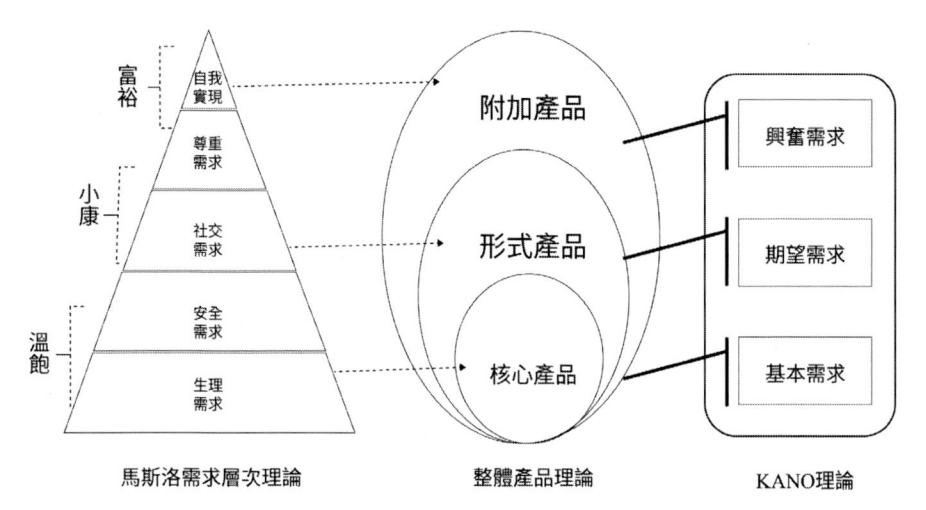

馬斯洛需求層次理論　　整體產品理論　　KANO理論

我們在做熱門商品魅力化時是在馬斯洛需求層次理論的基礎上,優化整體產品,在優化整體產品時,借鑑 KANO 理論。KANO 理論指導我們先滿足使用者的基本需求,就是核心產品先做好,核心產品是基礎,在核心產品的基礎上再滿足期望需求,最後才是滿足興奮需求。基本需求是 1,其他需求是 1 後面的 0,基本需求解決的是顧客痛點,期望需求是解決的癢點,興奮需求滿足的是顧客興奮點,超出期望的喜悅。

我們經常出差的人往往會在選擇酒店上會潛意識的按照 KANO 理論這個邏輯進行選擇。我們第一要素先考慮酒店是否乾淨,床躺在上面是否舒服,這兩點是滿足我們對酒店的基本需求,環境乾淨和床的舒服度就是酒店業的核心產品。如果酒店內亂七八糟,其他條件再好,我們也不一定會住。然後我們再考慮酒店內提供的備品、拖鞋是否舒服。如果發現有些酒店一次性拖鞋品質做的很差,穿上去感覺鞋底就像一張紙那麼薄,這個拖鞋就是期望因素,如果拖鞋能夠做好一點,提高了顧客期

135

望因素，顧客的滿意度就會大大提高。期望因素是加分項，多多益善。興奮因素就是讓顧客意想不到的附加價值。我有一次冬天出差，由於班機延誤我大半夜才到酒店，那個時候又冷又餓，辦完入住手續後，打開房間剛邁進去就發現桌子上已經為我準備好了宵夜，頓時冰冷的心被溫暖了。所以這家酒店讓我留下深刻的印象。像我們這種經常出差的商務人士平時沒有節假日的概念，除了春節的時間能夠記得回家，春節以外的節日很少記得住，但是酒店會幫我記住，中秋節的時候他們會在房間裡放點心、水果，再加上一句溫馨的祝福語，這些細節看起來很簡單，但是會讓人因為一剎那的感動記住他們一輩子，這些就是顧客的興奮因素。

　　我再次提醒讀者千萬不要在基本需求沒有做好的前提下，一味去追求期望因素和興奮因素。

　　基於三大理論我們從四個維度來做產品魅力化更新，四個維度構成產品魅力化模型。

3.　熱門商品魅力化模型與操作方法

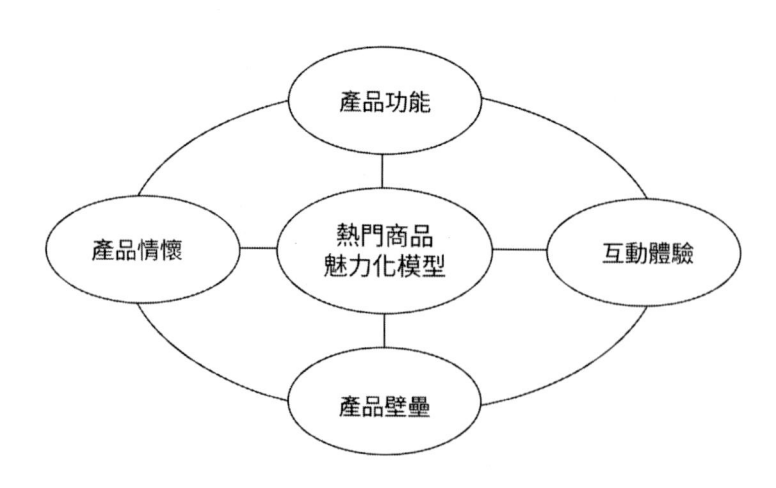

熱門商品魅力化模型四個要素分別是：產品情懷、產品功能、互動體驗、產品壁壘。接下來，我來拆解細節。

第一要素是產品情懷

產品情懷一定要能夠與使用者產生共情和共鳴，這是成功前提條件。前面我提到過人的感性思維是理性思維的 3,000 倍，所以先達成心智認同和共鳴。產品情懷是消費者購買第一入口。顧客是否喜歡這個產品，先是靠直覺判斷的，而不是有理性決定。所以第一直覺印象很重要。我曾在在新加坡企業做一個理論研究，叫 15 秒效應。在 15 秒內能不能與消費者產生共鳴性，獲得心理上的認同感很重要，如果產品情懷不能快速產生認同感。第一步的入口就失敗了。因為 15 秒以後，客戶會提高心理預期。產品情懷受各種因素的影響，比如場景因素。我們在定義產品時是不能脫離場景，依照應用場景來定義產品情懷，一定給使用者足夠的想像空間。不同的場景下給產品賦予不同產品情懷更容易與顧客產生共鳴度。比如：米在碗裡就是飯，在衣服上就是髒東西。

產品情懷一般包括：產品概念、品牌名稱、商標、廣告語、卡通人物、品牌故事、產品包裝、創意呈現等因素，這些因素是能夠引發顧客心智共鳴激發點。

第二個要素是產品功能設計

產品功能一定要做到方便、好用。在定義產品功能時一定要結合產品的應用場景和使用者的應用習慣，該產品在什麼場景下使用，使用者習慣如何使用。產品功能包括兩個要素，一個是入口功能，另一個是核心使用功能。入口功能是解決使用者的問題，透過良好的入口體驗，為產品引流，只有在入口功能體驗良好，才可能進入核心功能的使用，入口功能是為核心使用功能引流。核心功能解決的是使用者痛點問題，核心功能幫助

客戶解決實際問題，讓客戶產生長期的黏著度，兩者功能不同的。

入口功能設計原則是極簡、方便、快捷、一鍵開啟。入口功能越簡單、方便，使用者的體驗會變得良好。我們拿手機來說，大家都知道傳統的手機開機很麻煩，有數字組成的開鎖鍵，這種操作非常麻煩。後來蘋果發現了這個痛點，蘋果手機的開機入口就是一鍵開啟，他只有一個鍵，指紋解鎖，方便又安全，入口進去後打電話、玩遊戲以及使用其他使用功能。

同樣現在的汽車啟動，過去都是用機械鑰匙開啟車門，用鑰匙發動，非常麻煩，駕駛員經常要佩戴一把鑰匙，萬一鑰匙丟了就會非常麻煩。現在汽車基本上都配置感應開門，一鍵啟動。

產品核心功能設計

這個成功的關鍵是找到能夠讓使用者產生依賴性的興奮體驗點。一旦產生依賴，客戶就不會輕易的放棄或轉移陣地。核心功能的設計路徑：首先我們要找到我們的目標使用者是誰，他們在哪裡？找到目標使用者後跟蹤研究目標顧客的高頻率場景；如：工作場景、生活場景、學習娛樂場景等。基於主流場景從中挖掘一級痛點，研究一級痛點可能引發的高頻率硬性需求，並對硬性需求點的真實性進行反覆求證。最後基於確定性的需求設計人性化的解決方案，最後把解決方案轉化為產品核心功能。這是我平時開發產品經常用的操作方法。在實際操作過程中要注意幾個關鍵細節：

核心功能設計要符合體驗場景和應用習慣，不要去改變使用者習慣，任何產品脫離了產品使用場景和違背使用者習慣都可能導致產品失敗。不同的產品都有他匹配的體驗場景和使用者體驗方式。比如：速食文化他們強調的是快，速戰速決。麥當勞提出60秒交付，60秒內拿不

到食物就免費。其實這種速食文化與西方社會快節奏的生活方式有很大關係，在這種快節奏的生活方式培育出這種速食文化和西方人這種體驗方式。東方茶道就講究儀式感，喝茶需要按照茶道工序來，不急不慢的品，所以東方有品茶文化。這就是東方的茶文化和對應的體驗場景和體驗習慣。如果在亞洲喝茶追求快速的大口牛飲，就顯得沒格調。

產品核心功能設計一定要從一級痛點、應用場景、體驗習慣三個關鍵要素出發作為思考產品功能的原點。

核心功能設計方面不能完全依賴傳統的研究方法，更不能依賴理論假設，而是開啟新思路，讓使用者全程參與，共同開創讓消費者難以忘懷的體驗。根據體驗感回饋來倒推強刺激的方式，最後把這種強刺激的方式轉化成產品核心功能。

第三個要素互動體驗設計

互動體驗設計更重要的是展現出好玩和社交屬性，好玩產生網路連線和口碑效應。只有互動好玩，才能抓住使用者，有好玩的互動來引發意外驚喜。互動功能包括三個重要要素，即：互動體驗的社交性、互動體驗的娛樂性、高頻率體驗細節貼心性。

互動的社交性

產品互動設計一定要帶有「社交功能」，透過社交功能來連結客戶，社交性是聯結器，連線外部客戶，利用社交性功能更好、更廣的連結客戶。這個社交功能最好能夠架在「核心功能」上，既有社交性，又有核心價值。

互動的娛樂性

就是要做好互動好玩，找到使用者那個興奮點，互動的娛樂性是黏結劑，讓使用者產生高黏著度，我們在做產品時一定要設計一個有趣、好玩

的「高頻率互動點」作為連結器才能讓老客戶產生黏著度，高頻率應用。礦泉水簽名瓶增加互動性，尤其是在開會的時候，一不注意就會把礦泉水混在一起，你不知道你面前的那瓶水是誰喝剩下的。也可能是自己，也可能不是。你一直在糾結扔掉可惜，喝下去難受。有個商家就採用簽名瓶幫你化解了糾結，你可以在瓶標上簽上自己的名字。如何找到這個使用者興奮點呢？接下來我分享一下我們平時的做法。一般是先從同類產品或近似產品中去挖掘，找到哪些產品功能能夠讓客戶產生體驗依賴性興奮點，體驗依賴性興奮點的表現為：伴隨時就會感到興奮，離開時就會感到痛苦。如：香菸、遊戲、酒精等，這些都是具備這種特徵。如果不能直接找到答案，可以透過假設驗證來挖掘顧客興奮點。挖掘激發興奮點的強刺激功能，也就是說興奮點是透過哪個強刺激功能激發出來的？找到激發興奮點的功能。

高頻率細節貼心性

在高頻率體驗細節上找到一個能夠打動使用者的細節點，通常也會成為顧客感動點。透過這個感動點來感動使用者，讓他記憶一輩子。這個感動點需要造成雪中送炭的效果，而不是錦上添花的作用。前面我提到在寒冷的狀態可能一杯不經意的熱茶就能讓人湧泉相報。這個觀點關鍵取決於細節能不能感動人。

有一次我帶一個朋友去一個餐廳吃飯，大家知道餐廳裡使用頻率最高的工具就是筷子，結果這個餐廳為了讓筷子變得美觀，看起來有質感，他就把每個筷子上都裹上一層銀的金屬。我們吃飯時砂鍋上面放了一雙公用筷子，大家都知道金屬導熱很快，砂鍋在下面煮，架在上面的筷子很快變的很燙。我們當時都在興奮頭上，大家也沒有留意到這個細節，我朋友伸手去拿砂鍋上的那個公筷夾菜，結果一碰到那個筷子馬上手上燙出水泡，一頓美美的心情馬上就變得一塌糊塗。雖然這只是一個

小細節,我們沒有再去過第二次。

另一家餐廳則是注意到一個細節讓我感到很貼心。大家吃飯有個習慣,總喜歡把筷子放在盤子上,結果筷子經常會從盤子上滑落下來。這家餐廳發現了這個顧客痛點,就把盤子開個缺口,然後把筷子架在上面就不會滾下來,感到很人性化,透過這個細節至少能夠讓我記住這家餐廳。

第四個要素產品壁壘

做產品在投放市場前都要先想好壁壘如何建立,防止自己辛苦做的原創最後給別人做嫁衣,亞洲企業做產品的習慣,一旦一個產品紅了,很快近親繁殖,相互模仿,帶動一窩同類產品。建立壁壘的方式就是讓對手無法模仿或複製,或模仿的成本大大高於自己。結合上面我提到的建立壁壘的方法。結合產品,我再補充一部分。

技術壁壘

技術壁壘是最基本的排他性手段,包括:商標保護、外觀專利、應用技術專利、智慧財產權等。

品牌壁壘

品牌壁壘也可以理解成企業的商譽;巴菲特認為商譽是企業最重要的無形資產,這個資產其實就是品牌價值,品牌影響力一旦建立起來,就會在消費者心智中形成了一種無形的品牌壁壘。品牌價值是不記入財務帳面資產的,但是他的確可以為公司創造很高產品溢價和客戶黏著度,這就是品牌壁壘的價值。

成本壁壘

成本壁壘也是做產品常用的一種壁壘手段。關於成本壁壘我需要強調一點,低成本不一定是便宜,便宜的產品也不一定有成本優勢。我所

講的成本壁壘是你的成本比對手低，這種低成本不是壓縮利潤獲得的，而是透過管理效率的提升或規模效應讓你的成本能夠比對手的成本更低。我所提到的成本包括兩個方便的成本，一種是每單位成本你比對手更低，也就是說你同類產品造價低於對手。第二成本是邊際成本最低化，就是隨著產品生產規模的增加，你每單位邊際成本變得越來越低。

資源壁壘

你的產品所用的某種原料或材料，只有你有對手沒有或你的原料在同等價格下比對手品質更好，或同等品質成本更低。我這裡提到的資源不僅限於原料資源，也包括各種社會資源。

在壁壘建設方面把本部分提到的壁壘類型和九位模型中的壁壘手段可以結合在一起來考慮，打開你更廣闊思維空間。熱門商品魅力化設計其實也是有一定的原則的，根據前面所講到的產品魅力化設計，我最後對設計原則做一個總結，提煉出熱門商品魅力化設計五大原則。

熱門商品魅力化設計五大原則

1. 情感元素情緒化；能夠快速點燃使用者情緒，產生情感共鳴。
2. 有形產品標準化：把有形產品盡可能做到標準化，因為產品標準化以後可以快速複製，形成規模效應。
3. 功能應用極簡化：前面我提到產品越簡單越容易操作。
4. 互動元素娛樂化：在設計互動元素時一定要好玩，只有好玩才能產生使用者黏著度。
5. 體驗元素場景化：體驗的場景化我已經反覆強調過，體驗滿意度很多時候是受場景氛圍影響的。古人吟詩為什麼會有觸景生情這種感覺，到一個美好的地方，感覺來了就會吟詩作賦。詩人寫詩很多都

是沒有準備的，都是觸景生情帶來的創作靈感。其實這就是場景氛圍帶來的情緒反應。好比同樣一杯咖啡你坐在星巴克店裡喝，你就能找到自己靈魂歸屬的地方，所以星巴克提出第三空間，第三空間既不同於家裡，也有別於辦公室，其實那就是安放自己心靈的地方。如果你端著一杯咖啡蹲在馬路邊喝，你會是什麼感覺？嘈雜的馬路場景會讓你感覺自己喝的不是咖啡，是毒藥，會讓你情緒變得更煩躁。我解釋這麼多其實就想告訴大家體驗元素的設計一定要結合場景。

產品力測試與顧客滿意度管理

把產品魅力完成以後到底這個產品能不能在市場上熱賣，是否能夠被顧客接受。我們在上市之前都會有一個非常重要的環節，就是產品力測試，透過產品力測試來論證產品的好壞，把產品存在的潛在缺陷提前暴露出來，免得到市場上才發現問題，造成公司損失。做產品力測試可從以下幾個方面入手。

1. 認知度測試

認知度測試也是對產品概念進行測試，測試消費者對這個產品的認知如何，產品是否符合顧客認知，如果認知度測試都無法通過，說明入口產品購買的入口都不通過，上市也就面臨著下架。在概念測試時可以從三個基本的層面來測試。

測試顧客認知：丟擲產品問顧客是什麼，認為這個產品會給你帶來

什麼好處？或能夠幫你解決什麼問題？先不做任何解釋，靜靜觀察消費者的第一情緒反應和潛意識動作，因為這兩點是最真實的，無法掩蓋的。等顧客回答完，如果存在盲點，可以稍作解釋，再看消費者的認知回饋訊息。最後比較第一次的回饋訊息和第二次的回饋訊息是否存在偏差。

進行意見證偽：等消費者回答完，要進行證偽，證偽的目的是求證消費者回饋的意見是否是發自內心的真實想法，或立場是否堅定。你回饋他真的這麼認為嗎？如果他的回答是確定的。

挖掘意見背後的原因：確定了消費者回饋的意見是肯定的，需要繼續追問意見背後的原因，這個才是本質。問消費者為什麼這麼認為，一定要找到這個意見背後的依據，如果找不到依據一般都是不可靠的。

測試結論：具體認知測試能否通過測試，有沒有一個客觀的指標。嚴格意義上目前沒有絕對的判斷指標，我只能給出一個相對合理的經驗值就是80%。80% 的通過測試，或者 80% 的人接受這個概念基本是成立的。如果 50% 以上的人不接受這個產品概念基本是不能上市的，80% 和 50% 是關於認知的一個測試臨界點。

在這裡我還需要特別提醒的一點，在實際測試過程中一定要拿產品實物做測試，而不是拿假設性問題或假設產品做測試，因為假設性產品和真實產品是存在偏差，他會直接影響到受測試的感受，實物產品更直觀。你想測試一個美女是否願意把長髮剪掉換成短髮。你直接跟她說：妳把長髮剪掉換成短髮可能會更好看，如果你這麼跟她說她很可能不接受。她很想像不到短髮會是什麼樣子，萬一不好看怎麼辦，這個是需要冒風險的。如果你給她看一張短髮的美女照片，問她：這個短髮怎麼樣？她會談自己的感受，如果她說：太美了！說明她是對這種短髮感興趣的。

2. 認可度測試

認知度測試通過後，進入認可度測試階段，認可度測試有一個關鍵點，就是消費者會不會掏錢買單，消費者 100% 的滿意，但是不買單都是謊言，認可度測試的本質就是真實的購買行為測試。最能看得出來顧客是不是真愛。在具體執行細節上同樣追問三個問題：

願不願意掏錢：不要聽客戶說什麼，要看客戶做什麼？願意付錢才是真愛。如果顧客回答願意掏錢，就直接將產品賣給他，這種測試是需要發生真實交易的，而不是停留在嘴巴上隨便說說而已。真實性交易是測試認可度最重要的環節，不能是假設性交易。就是把你面前參與測試的人當成真實的顧客。

挖掘購買背後原因：如果測試對象願意買，一定要追問下一個問題，為什麼願意買？找到他願意購買背後的驅動要素或打動顧客購買的價值點，作為提煉產品賣點的依據。我在實作時會讓測試者講出關於這個產品的三個滿意點或優勢點和三個不滿意的地方，如果能夠清晰的說出來他滿意的地方，說明認同是成立的，能夠講出來不滿意的地方說明還存在可優化的空間。

挖掘不買的抗拒點：如果測試對象回饋不願意購買，一定找到阻止他不願意購買的抗拒點是什麼？找到這個抗拒點，未來就可以針對性的來解決不購買的問題。

提出措施假設：找到消費者抗拒點以後，要提出解決問題的措施假設，比如：在什麼條件下願意你願意購買，這個假設就是讓消費者動心的點。

測試結論：診斷認可度測試的結論指標是 30%，認同度高的人有 30% 的人願意付款是可以上市的，就是目標客群達到 30% 的轉化率，說明這個產品力是符合市場需求的。

3. 顧客忠誠度測試

忠誠都測試是反應顧客對這個產品後來的回購情況，一般情況下忠誠度越高，回購率越高。回購率是反應顧客忠誠度的一個重要指標，忠誠度最大的價值是產品口碑裂變效應，他會推薦他周圍的人來購買。忠誠度測試方法同樣採用問問題的方式。

是否願意推薦給身邊的人買？為什麼會推薦。

會推薦給身邊的哪些人買？為什麼會推薦？找到推薦對象，這些對象是未來做關聯性銷售的對象。

如果他不願意推薦，一定要問為什麼不推薦？如果不願意推薦，說明產品存在缺陷，畢竟推薦身邊的人購買是需要承擔個人信譽風險的，一定要找到推薦抗拒點，進行優化產品。

提出推薦假設：在什麼條件下願意推薦或對假設推薦的條件進行測試，來解決推薦抗拒的問題。

推薦結論：如果受測試者本人願意回購的可能性在 20% 以上，或他人推薦率超過 10% 以上，說明產品力比較強，按照產業規律如果有 20% 的使用者主動回購說明有忠誠度。

4. 產品價格測試

在認可度和忠誠度測試環境隱含一個測試變數就是價格測試，由於價格測試這個變數非常重要，我就把他單獨拿出來詮釋清楚。

根據過往的經驗，進行價格測試會測試三個價格，分別是：消費者心理合理價、最高價格、最低價格。心理合理價也就是顧客認為的正常

市場價格,最高價格是超過多少錢他會放棄購買,最高價格是購買的上限,最低價格是指商品低於多少錢消費者同樣會放棄購買。消費者對商品的定價其實也是有預期的,產品一定不是越便宜越好。消費者認為你低於他的心裡低價可能就會被認為產品有問題。尤其是會影響到身體健康的食品、藥品、衣服等如果價格過低,就可能拒絕購買。透過測試最好找到那個大家都達成共識的價格,或意見比較集中的價格。

5. 產品壁壘測試

產品壁壘測試也需要從四個層面來看:

產品可替代性或可複製性:產品越容易複製或模仿,產品壁壘就越低,阻擊對手的力量越弱,產品的溢價能力越弱,反之壁壘就越高,溢價力越強。食品、服裝就很容易替代。

競爭對手替代成本:競爭對手在模仿或替代自己時,競爭對手的成本如何?如果競爭對手模仿或替代成本遠遠高於自己,說明競爭對手對自己的造成的威脅比較低,因為對手沒有成本優勢。

客戶轉換成本:有時候還要看客戶的轉換成本是高還是低,如果客戶很容易跑到對手那裡,而且轉換的財務成本和時間成本都很低。這種替代性就很強,說明壁壘不高。反之壁壘就很高,比如銀行產業需要轉戶,必須本人到當地分行去銷戶,填寫各種表格,手續比較繁瑣,如果帳號有資金還需要先取出來等。很多人覺得太麻煩,而且銀行產業的產品差異化又很低,大多數人不願意轉戶,有時候不是他滿意度高,而是嫌麻煩。

產品差異化:產品差異化越強,產品壁壘越高,同質化越強,壁壘

第三章　整體產品設計與熱門商品創新

越低，如果商品都差不多，顧客選擇哪家的商品都一樣，顧客隨意選擇的餘地越大。

上面我們講述了熱門商品產品力測試的內容。接下來我再圍繞這些測試內容如何進行有效的執行。我在實際工作中做產品測試，有三種常用的執行方法，即：領先使用者測試法、模擬場景測試法、真實場景測試法。

領先使用者測試法：就是要求粉絲參與，了解他的真實想法或讓他參與真實的產品體驗，靜靜觀察使用者在體驗過程中的潛意識動作和異常情緒反應，並把關鍵細節記錄下來供後續分析。隨後針對異常的反應進行追根問底的挖掘背後的原因。

模擬場景測試法：就是根據真實場景建立一個產品模擬場景，讓消費者在模擬場景中去體驗產品，我過去做的模擬場景是個模擬型封閉空間，空間四周是由玻璃隔開，裡面看不見外面的人，外面觀察員可以看見裡面的參與體驗的受測試者的體驗行為，觀察受測試者在自然狀態下的每一個細節表現。

真實場景測試法：就是在正常場景狀態下觀察測試者的整個體驗過程，比如：去餐廳看消費者點菜習慣、吃飯習慣，真實場景測試法有一個非常重要的操作要點：真實場景測試不要刻意去做調查，而且去留心消費者在正常消費狀態下的行為特徵，以及消費者體驗產品時做出的習慣性反應和異常反應。

以上三種方法我們在使用者研究篇做了詳細的介紹，在此不做過多的分析，操作流程和方法，基本和使用者研究類似。

6. 顧客滿意度管理

產品上市一定時間後我們都會做客戶滿意度研究，尤其是服務產業，我們透過客戶滿意度調查來挖掘整體產品存在的瑕疵，為產品優化更新提前做準備。我們做客戶滿意度測試首先要清楚影響客戶滿意度的要素有哪些。先把關鍵影響要素找到，再去測試這些關鍵要素。根據我過往的經驗發現影響顧客滿意度核心要素有三個，分別是顧客期望值、顧客價值感、比較基準。

顧客期望值：是指顧客購買一種商品時，內心都會對該商品產生一種價值預期，我把他成為期望值，不同的人會有不同的期望值。

顧客價值感：是指顧客體驗產品後，產品帶來的價值感受，我把他成為顧客價值觀。我研究發現顧客購買不是商品本身價值，而是價值感。顧客認為價值感越大，滿意度就會越高。

比較基準：顧客購買商品時往往會與同類商品進行比較，在比較過程中來得出價值感。我把這種行為結果稱為比較效應。比較效應對顧客滿意度有調節作用。

顧客滿意度、顧客期望值、顧客價值感、比較基準四者存在一定影響關係。

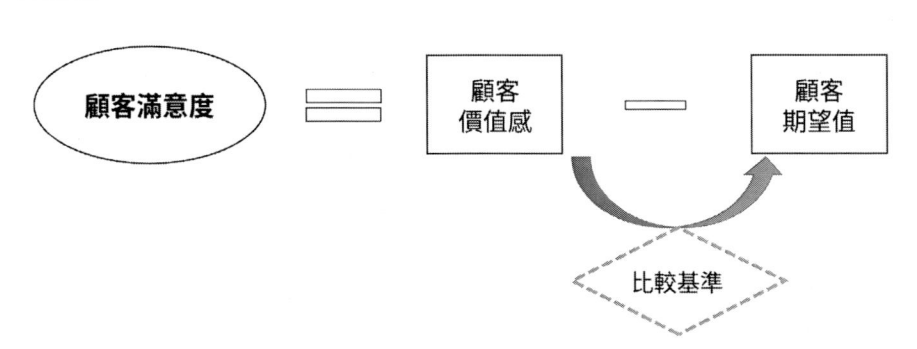

顧客滿意度 ＝ 顧客價值感 － 顧客期望值

比較基準

第三章　整體產品設計與熱門商品創新

　　我們從這個關係式中能夠直觀看得出：顧客滿意度與期望值的關係是反比關係，也就是說期望值越高，滿意度會越低，因為這有個心理落差。俗話說期望越大，失望越大，就是這個道理，因為人的欲望是無止境的，導致期望值往往會高於真實價值感。顧客滿意度與比較基準也是成反比關係，比較基準越高，顧客的滿意度也會越低。顧客滿意度與價值感之間是正比關係，價值感越強，顧客滿意度越高。

　　顧客滿意度是人類心理的一種規律，不但適用於行銷領域，其實在我們日常生活、工作中也存在這種關係。我們家孩子數學不太好，我心裡期望值是數學能考 85 分我就很滿意，結果有一次她回來告訴我說：這次數學考試考了 91 分，我的滿意度馬上超標，跟她說太棒了，第二天放學帶妳吃頓大餐作為獎勵，為什麼我滿意度超標，因為這個分數已經超出了我的預期。晚上吃過晚飯，我坐沙發上開啟手機群組，突然發現老師把全班的成績單發在了家長群組裡，我一看發現很多同學的數學成績都是滿分，90 分以下的沒有幾個，透過與別的學生一比較，我對我們家孩子 91 分的成績滿意度馬上就下來了。

　　為什麼有些企業實行薪資保密制度，其實也是這個道理，如果小張從別的公司跳槽過來，與原來的單位相比薪資稍微高了幾百塊，他的滿意度就提高了，工作一段時間以後和別的同事混熟了，他發現與他同職位級別的同事能力還不如他，而且薪資比他高 200 塊，他馬上就心理不平衡。所以很多公司就發表了薪資保密制度，員工之間不允許打聽薪資，直接把價值基準消滅掉，讓你們無法比較，人資部門就感覺天下太平了。

　　所以說滿意度是受期望值、價值感以及價值基準三個變數的影響。掌握了這個規律，你就知道如何提升客戶滿意度了。

一是管理好客戶的預期；適度降低顧客預期可以提升顧客滿意度。

我平時去做市場研究發現一個奇怪的事情。時常看到有些鄉鎮小診所裡掛很多錦旗，這些錦旗都是感謝某某醫生妙手回春治好了某種病，特送錦旗表示感謝。你去大醫院就很少看到在醫生的診療室有掛錦旗的。難道是大醫院醫生的醫術不及鄉下診所嗎？後來我研究發現這不是醫術誰高明的問題。而是患者滿意度問題。一個患者去大醫院看病他的期望值就很高，覺得大醫院應該可以幫他治好他的病，治好了他覺得理所當然，因為你們是大醫院，如果治不好患者就會抱怨大醫院醫術也不過如此。如果是疑難雜症的患者去鄉村診所看病，他對診所的期望值很低，治不好他覺得很正常，一旦幫他治好了，他的滿意度就會飛上天。完全超出自己的期望值。

二是利用比較基準；在顧客做同類商品比較時，盡可能選擇一個比自己差的比較對象來墊背，也可以提升顧客滿意度。

三是在結尾時提升價值感；心理學研究，只要結尾體驗滿意度高，就會拉高整體體驗滿意度。所以結尾不是結束，而且下次服務的開始。我有一個冬天去外地出差，在高鐵站附近有一家賣羊肉湯的，看店面的裝修就感覺很正宗。我走進去就點了一碗老闆娘推薦的招牌羊肉湯。等我快喝完時，我發現碗底下面有一隻菜蟲，老闆娘跑過來說一句：可能是香菜裡的。我不管這隻菜蟲是哪裡的，這件事情一直都是我的心結，因為這個陰影，我不再喜歡羊肉湯。果不其然，一年以後再路過那裡，那家羊肉湯店就改名了。

有個瓜子店的老闆，他發現別的老闆賣瓜子都是一次放很多瓜子，再逐步減少，給人的感覺就是越來越少。他反向操作，他幫顧客秤瓜子時，每次都是抓一小把，不夠再新增，而且反覆新增，給別人的感覺是

一直在增加，顧客滿意度也在提升，稱好以後最後再送上一小把，這就是比較基準在發揮作用。

衡量顧客滿意度其實沒有統一的標準，因為客戶滿意度是一個人的主觀感受，對同一種商品，不同的人會有不同的價值認知，產生不同的客戶滿意度。去餐廳吃飯時針對同一道菜，喜歡吃辣的消費者他們對有辣味的飯菜滿意度會提高，而不喜歡吃辣的消費者就會覺得辣的不好吃。所以顧客滿意度真正來源，有時候不一定是源自產品本身，而是獲得的價值感。

商品 45 度精進方法

對熱門商品進行一系列的測試完成後，發現一些缺陷需要做產品優化更新。哪怕當時沒有發現產品問題，隨時市場的變化也需要持續的做產品精進優化。產品如何做精進，具體有沒有精進的路徑和方法，根據我多年的研究分析，從七個方面提出一些見解供大家參考。

1. 趨勢導向

市場的發展是動態的，市場是隨著外部環境的變化而變化，要及時掌握需求趨勢方向，創造出情感共鳴與實用價值雙重需求，為產品賦予魔力！如果產業趨勢、品類趨勢方向都是錯在一條錯誤的道路上狂奔，就會出現越努力，與自己的終極目標越遠。

2. 產品精進仍需要聚焦一級痛點，找到仍未化解的麻煩，進行聚焦優化

痛點聚焦，而不是什麼都想要，最後的結果是什麼都得不到。任何一個商機發起的原點都是源自生活、工作、娛樂、學習等場景中的高頻率痛點。做產品優化只需要把高頻率痛點做到極致，非高頻率的缺點不要出現低階錯誤或致命缺陷即可。產品精進時還要考慮邊際成本。

3. 做產品精進一定要走進消費者的真實應用場景，而不是閉門造車

貼近使用者體驗場景、洞察使用者體驗情緒、發現不爽和抱怨點是做產品精進的切入點，你所發現的問題一定是使用者覺得需要改進的地方，而不是你自己認為需要改進的地方。在現實中很多管理者做產品都是存在自戀或自我挑剔心理。總是站在自己的角度去定義產品，不去考慮顧客的感受。

學會尋找客戶購買行為底層的動機，挖掘需求本質。我們在研究顧客購買行為時，一定不是只看銷售數據或看消費者的表面行為表現。一定要找到是什麼因素驅動客戶產生購買行為，了解客戶為什麼要購買某個產品而不去選擇其他同類產品，需求背後的購買動機才是需求的本質。

4. 打造熱門商品 45 度產品精進曲線，
　　是要消滅高頻率的不良體驗，而不是偶爾的不舒適

　　不斷優化產品，快速疊代更新，一定聚焦高頻率的不良體驗，不要為突發性問題去荒廢時間。高頻率才能讓使用者產生黏著度，做產品精進一定是聚焦大眾、高頻率的不良體驗。因為偶爾的不舒適可能是因個人因素造成的，他並不代表大眾感受，大不必去為偶爾的不舒適花費精力和財力，偶爾不舒適甚至會誤導決策。因為人的個性存在多樣性，這種多樣性引發人的需求也是呈現多元化的。追求 100% 的客戶滿意那只是個理想，甚至是句口號，現實中是無法做到 100% 滿意的。你能夠消除高頻率的不良體驗就足以俘獲顧客的歡心。

5. 做產品 45 度精進需要做到精準定位，
　　去平均化，一次只改變一類核心群體

　　現實中你會發現滿足所有人的產品都是失敗的，所以客戶定位一定要精準，同樣在做產品精進時要分步操作，一次只改變一類人，採用小步快跑，迅速疊代的模式，做產品更新有時候步伐不能邁的太大，步伐邁大了容易閃到腰，就是我強調的 45 度精進，而不是 90 度精進。我們在做產品時時常會犯一個錯誤就是追求平均化，當好人。比如我過去幫一家企業做產品顧問，他們做一款麻辣香腸，在進行產品測試時，以張三為代表的麻辣派，以李四為代表的清淡派。張三說麻辣味很好，由於李四不喜歡花椒的感覺，李四就提出來不要放花椒。結果這個研發人員就當好人，為了同時討好李四和張三他就追求平衡，放一點花椒，吃上去有花椒的味道，麻辣味道又不是太重。他原以為能夠照顧到這兩類

人，事實卻讓他大失所望，以張三為代表的麻辣派就覺得不太麻，吃起來不過癮，所以他放棄了購買；以李四為代表的非麻派，他們不喜歡麻的味道，由於裡面新增了花椒，哪怕新增量很少也會讓他感覺很不爽，他們也放棄了購買。目的是為了同時兼顧討好兩類人群，最後的兩類人卻都拋棄了他。這就是平均化的結局。

6. 做產品精進是滿足客戶綜合體驗感；
魔力產品＝心靈共鳴 × 方便的功能 × 有趣互動

前面我曾提到的整體產品設計的理念。讓產品發揮魅力，各個要素之間是相乘的關係，心理上透過柔情要感受到舒服和心靈共振，點到心坎上，如：服務、產品概念打動人。生理上透過強刺激要感到舒適。生理刺激要有強度，有趣、好玩的互動，才能讓客戶上癮，產生持續性的黏著度。

商品創新七大管道

1. 關注不一樣的偶然事件引發的深度思考

你稍微留心一下你會發現做熱門商品創新時有些創意是來自不經意的瞬間，一些成功產品都是源自身邊的偶然事件，所引發的自我思考。這裡有兩個要件：一是你要用心留意平時看到、聽到、親身經歷過的突發事件，二是你要肯勤於思考。這兩個要件缺一不可。就像牛頓發現萬

第三章　整體產品設計與熱門商品創新

有引力之前，我相信很多人都看到過蘋果落地，但是沒人去思考為什麼蘋果會往下掉。所以我們對偶然事件保持高度的敏感性和好奇心，這才是熱門商品創意之源，古人云：處處留心皆學問。

可口可樂的創意是源自美國的一位名叫約翰・彭伯頓（John Pemberton）的藥劑師，當初他期望創造出一種能提神的飲料。在調製配方時誤把蘇打水當純淨水用了，後來他發現用錯了水，在決定倒掉之前嘗了一口，想感受一下是什麼味道，結果他發現味道很特別，這個就是可樂的前身。這麼偶然的一次錯誤卻成就了一個偉大的百年可樂品牌。如果約翰沒有這種好奇心，這個偉大的壯舉也就流失了。

很多男人平時用的刮鬍刀有些可能是吉列公司生產的，有些男人用了大半輩子可能都沒有留意到吉列的刀架為什麼像個鋤頭，其實這是有故事的。有一天吉列的老闆在郊外散步，突然看見一位農夫扛著鋤頭從他身邊走過，那位扛鋤頭的農夫給了他做刮鬍刀架的啟發，他在想能不能把刀架做成像鋤頭一樣的形狀。現在大家看到的吉列刮鬍刀的鋤頭刀架就是這麼來的。

邦迪OK繃誕生的邏輯也是這樣，邦迪品牌其實是源自美國強生公司一位普通的職員叫做迪克森（Earle Dickson），有一次他下班回家發現妻子做家務時傷到了手，妻子自己沒辦法包紮，他就用繃帶幫妻子包紮傷口，在包紮過程中迪克森發現這種方法很方便，他在思考能不能做出一個標準化的產品，回到公司他就向強生公司提出這個OK繃的創意。強生公司為了回報迪克森這個偉大的創舉，就以他的名字命名為邦迪OK繃。

你會發現很多偉大的產品創意都是在偶然之中出現的必然結果。為什麼這麼說，偉大的成功存在偶然的成分，就是哪天能夠遇到這個帶有

啟發性的事情存在偶然性，但是好奇心和主動思考的習慣是有必然性。我想很多做刮鬍刀的老闆之前都見過鋤頭，他們只是簡單的把鋤頭當一種農具而已，沒有人會想到與自己的產品連繫在一起，把自己的產品進行改良更新。

2. 善於發現國民級問題，並思考解決方案

　　我們之前給熱門商品下過一個定義就是對企業發展和產業更新具有策略意義。你留心去發現策略機會就需要平時多關注產業問題、產業問題、企業問題、社會問題等重大問題，找到問題根源和需求本質，把解決問題的方式轉化成一種產品。用這個產品去推動產業更新和社會進步。社會是個矛盾體，人們每天都會遇到各式各樣的問題，你可以把產品理解為解決問題的不同方式，然後把每一種方式都看作一個產品。這就是尋找熱門商品開發的路徑和熱門商品的泉源。

　　與人們生活最貼近的就是衣食住行，人們會存在各式各樣的國民痛點，對於人民而言安全是底線，根據馬斯洛需求層次理論，安全是底層的需求。在確保安全的前提下就開始追求速度優先。基於人類對速度的追求慢慢出現不同的移動方式，從最原始的步行開始，慢慢出現初級的交通工具。比如：早期的馬車、腳踏車，汽車，一直發展到現代化高科技的交通工具，火車、飛機、火箭。其實他底層的需求就是需要一種更快的交通工具，基於這個本質需求逐步疊加起來的各種交通工具。你發現這就是解決國民痛點帶來的產業更新。

3. 產業的變遷和產業生態重構帶來的新機會

彼得・杜拉克（Peter Drucker）曾說過：無論產業如何變化，機會永久不會消失，機會只會從一個產業轉移到另一個產業，產業變遷帶來的大機會也是做熱門商品的策略方向，存在產業紅利更容易打造熱門商品。善於發現產業變遷的蛛絲馬跡，從細節中發現趨勢。如果你現在做BB Call、馬車，不管的你的手藝多麼精進也難以成就大的產業，至多也只是給一些收藏玩家提供一些紀念品而已。這個產業非常狹窄。如果你看到未來15年，30年以後的大趨勢，類似人工智慧、工業4.0、大數據，這些產業紅利，從這些大趨勢中找到切入點，哪怕起初這個點非常小，一旦開啟一個切口，藉助產業勢能會越滾越大，這就是我們常說的產業紅利帶來的好處。

一個新產業的出現一定會顯現一些趨勢特徵，如何去發現這些特徵，根據過往的經驗可以從以下幾個方面去留意。重點去關注產業要素變化特徵和趨勢，主要包括：產業要素變化、需求端的變化、供給端變化。從這三個方面能夠獲得一些資訊和啟發。

產業要素變化：你去挖掘驅動產業發展的關鍵產業要素的變化；包括：新技術投入、人才發展、國家產業政策導向、社會共識度等這些都是推動產業變遷、產業發展的驅動要素，為你提供決策依據。

需求端變化：包括：主流使用者變化、消費觀念的變化、消費習慣改變、數量增長幅度、使用頻率變化等，消費端也是驅動產業變遷的一股重要力量。比如現在大家都在提消費更新。有想過為什麼要消費更新？其實很大一部分原因是需求端發生了改變，年輕一代成長起來了，他們的消費能力遠遠超越父輩，經過兩代人的財富累積，這群年輕人都不缺錢。

供給端變化：多關注競爭對手數量的增減變化和產業領導者的策略發展方向。一個新興產業如果持續有競爭對手加入進來，說明這個產業是在發展，很多人都覺得進來能夠賺錢，一個產業不斷有競爭者退出，說明這個產業已經進入夕陽產業，競爭者退出大多情況下是因為無法賺到錢才會選擇退出。還要留意產業領導者技術研發方向，市場方向在哪裡，產業標竿往往是一個產業的領導者，也是產業未來發展的風向標。他們能夠引領產業方向，多關注產業領導者的動向也可以避免走彎路，一旦產業領先者的觀點達成共識，未來產業就可能朝向這個方向發展。近幾年很多大企業都在做人工智慧、智慧家庭、無人駕駛等尖端領域，都為中小企業做產品創新的一種啟發。

4. 人口結構的變化引發的新機會

人口變化是推動產業變遷的一個非常重要的因素。人口數量的增減、年齡結構不平衡性、收入變化、教育程度變化等都是判斷人口結構的重要指標。人口變化也會帶來一些新的產業機會，所有重點關注人口結構的變化趨勢。像人口老年化是一種趨勢，老齡化會帶來各種社會問題，而老年化也會延伸一些新的商機。養老產業近幾年就是一種新商業，圍繞養老產業出現不同的業態。養老保險、養老金融、養老度假村、養老旅遊、老人安養等，這些產業過去是比較少的，現在慢慢興盛起來。

5. 消費觀念和習慣的變化引發的新機會

研究一下主力客群的消費者觀念、消費習慣的變化趨勢，你就能發現未來的產品策略機會在哪裡。未來消費更新帶來的高品質、高價產品

是必然趨勢。尤其是 90 世代、00 世代購買力增強了，消費觀念和消費習慣發生了改變。過去老一輩購物只買便宜的，能湊合著用就可以。老一輩買一件衣服穿九年，現在年輕人的消費觀，九件衣服都不夠穿一年。現在的年輕人只買自己喜歡的，從來不考慮錢從哪裡來。他們會因為喜歡而購買商品，而不是因為需要才去購買，所以現在社群平臺都變成了娛樂電商。年輕人的購買習慣會喜歡某個部落客去購買他推薦的商品，而不是自己需要某個商品才會花錢買它。

隨著消費觀念的更新近幾年也出現了很多新產品機會，比如訂製化產品越來越多。服裝訂製化現在已經非常普遍了，現在很多服裝企業都在開闢服裝訂製業務，來彌補傳統業務的下滑。過去只有窮人才會訂製服裝，因為窮人買不起服裝，都是自己買布料找裁縫做衣服，現在富人都開始流行服裝訂製了。這就是消費觀念和習慣帶來的消費行為的變化，帶來的產品創新機會。近幾年旅遊業出現快速增長，針對不同的客群、不同需求，旅行社提供個性化的旅遊產品，兒童夏令營、派對、家庭套餐等五花八門的旅遊產品來滿足不同人的個性化需求。過去旅遊是一種奢侈品，鄰居裡有個人出趟遠門回來，全里人都覺得他很了不起，有人乘坐一次飛機他能在別人面前炫耀一年。現在旅遊成了很多家庭的必需品，一年不去幾趟國外旅遊，那不叫生活，很多家庭在假期裡都會把孩子帶到國外，美其名曰開眼界、長見識。關注使用者消費關鍵和消費習慣的變化也是發現熱門商品機會的一個重要來源。

6. 新知識、新技術應用，引發產品創新

新知識、新技術的創新，以及新技術的廣泛應用也是引發配套產品創新的重要來源。無人駕駛技術推廣會引發該產業整體提升，需要大數

據領域的產品創新、駕駛技術創新、無人駕駛汽車配套的零部件產品創新、網路技術創新等。智慧家居領域新知識普及推動整個家用電器的創新，從冰箱、洗衣機、冷氣、電鍋等都會引發很多創新機會。

　　我有一個客戶，他們是做化工產品，化工產品大家都知道對身體健康是有影響的，早期他們只想把工廠做一下改造，減少一線工人的工作量，那個時候還談不上智慧製造，結果一旦嘗到好處，就開始做全面更新。從生產工廠到廠區物流，最後到倉庫全部實現了智慧化。走進工廠你看到的都是機械手臂操作、物流是自動駕駛運輸車、倉庫都是高達 30 公尺的自動升降的立體倉庫，以及配套的自動發貨系統。在銷售旺季實現 24 小時作業，還不用發加班費，而且精準度比人工更高。

　　這裡我需要提醒一點，在做產品創新時，新知識、新技術開發到轉化為實踐應用還是需要一個過程的，尤其是新知識的研究，在理論上可能是行得通，有時候在現實中未必做得成。這也是做熱門商品創新時經常遇到的難題。所以需要把理論結合實際來做熱門商品的創新。就拿智慧家庭這個領域來說，社會上喊了很多年，沒有一種得到有效執行。包括一些大企業也都在嘗試做智慧家庭，也只是取得階段性的單點成果。有一次我與一個做智慧家庭的客戶交流關於智慧家庭面臨的瓶頸。以他的見解他說智慧家庭真正的全面執行還需要一個過程，目前只能做區域性的智慧家庭，比如說每個商家的 APP 能否相容對手的產品，這也是考驗商家的包容性的，很多商家的 APP 可能都有排他性，最後受傷害的是使用者，導致使用者不願意去嘗試新事物，不嘗試就沒辦法培養這種使用者習慣，這個智慧家庭生態就難以良性循環了。第二個原因是產品應用場景的局限性。不管是冰箱、還是洗衣機、抽油煙機、還是空調裝置，在家庭中的覆蓋率都比較低。比如說：某冰箱再好，你不可能在洗手間放一臺冰箱吧，這不符合使用者體驗習慣。你也不可能在臥室裡

第三章　整體產品設計與熱門商品創新

放一臺大吸力的抽油煙機吧；再有錢你也不可能在走廊裡裝臺空調。這種低覆蓋率導致難以追蹤人的動態位移，無法追蹤動態位移就難以獲得動態資料，沒有即時資料的智慧家庭就像一個人缺了大腦，整體就會處於當機狀態。這個觀點僅供與讀者分享個人的一些主觀看法，其本意是想告訴讀者做熱門商品創新時，要把新知識、新技術與現實情況結合起來，來提高熱門商品創新的成功率。

7.　國家產業政策策略導向

大家都知道做生意要緊跟國家的步伐，做熱門商品創新也要及時了解國家的產業政策導向。就是把國家策略機會轉化成具體的產品。看看國家未來大力支持哪些產業，限制發展哪些產業，對限制發展的產業要及時繞道走，避開這些產業。像高耗能、高汙染、產能過剩的產業，國家會慢慢限制發展甚至逐步淘汰，在這裡你也很難找到熱門商品機會。因為外界的環境已經限制你的市場規模，一個企業不可能戰勝外部環境的，就像養魚一樣，魚的生命力再強，一旦水質被汙染的很嚴重，魚生存的外部環境發生了巨大變化，遲早也會滅亡。一定要聚焦在國家支持或扶持的領域挖掘熱門商品機會。新能源、新材料、晶片、物聯網、智慧醫療等產業，未來一定會有大發展。扎根這些領域研究熱門商品的成功率也會更大一些。資本市場已經獲得驗證，電動汽車產業、大功率蓄電池產業、人工智慧產業、智慧生態等最近發展都不錯，市值都在持續增長。

以上七點就是我給讀者開發熱門商品的幾個方向，或者思考熱門商品機會可以從這幾個方面來探求。不說一定能夠成功，至少可以少犯

錯，少走彎路，而且可以提高效率。因為任何產業的發展都有他自身的發展規律。你只需要找到這個規律，然後遵從其內在的發展邏輯即可。基於創意來源，有了源頭如何轉化為產品，接下核心重點來了，熱門商品十大創新方法，不吹牛、不耍虛，接下來直接上重點。

十大創新方法

在分享產品創新方法之前，為了降低風險，我先提個醒，做產品創新不要輕易做第一個吃螃蟹的人，從 B 點介入是最佳選擇。因 A 點風險太大，C 點時機太晚，所以選擇 B 點進入是最佳時機。這裡有個判斷臨界點，就是市場占有率 20%。當一個產品市場占有率達到 20% 時，說明有一定的基礎，或能夠被市場接受，這個時候進去風險是最低的。因為前面的路已經有人走過了，到底有沒有深淵，你抬頭看看數據就能夠明白，這個數據就是前人留下的足跡。

1. 產業細分法

產業細分法就是把一個大的產業進行細分，從細分領域找到新的機會點。具體的操作邏輯是：大產業、小品類、強品牌。也就是你選擇的產業一定要足夠大，只有足夠大的產業才能進行拆分，透過對大產業的拆分找到細分機會，基於細分機會做出強品牌來代表這個品類。這裡我需要解釋一下，小品類一定不是市場小，而是品類更聚焦。

服裝產業是一個很大的產業，在服裝產業分類上有男裝、女裝、童

第三章　整體產品設計與熱門商品創新

裝、老人裝等。某品牌透過對服裝產業的細分，他聚焦男子品類，要做出男人的衣櫃，男人買服裝就會想到該品牌。

具體的操作方法：選擇一個高認知度的大產業，根據顧客認知的品牌特徵或產品特點幫產業加上一個高附加價值的細分定語。根據這個細分定語特徵提煉出一個具有概括性的品類概念。讓品牌等於這個品類，最後把差異化價值提煉出傳播訴求點。在各個環節具體執行上需要從品類、到品牌、產品需要保持一致性。即：顧客核心價值＝產品功能＝品類概念＝品牌內涵＝傳播主張＝顧客價值認知。我們拿王老吉涼茶來剖析這個邏輯。他的顧客價值是預防降火的飲料，產品功能必須真正能夠做到預防上火，在產品配料裡新增了降火的中藥成分來預防上火。提出的品類概念是降火的涼茶，品牌文化建設方法提出了王老吉創始人是涼茶的始祖。傳播主張為：怕上火喝王老吉。最後顧客認知上也接受了這個品類。所以早期王老吉取得的成功不是偶然的，而且經過一系列規劃的。在品類細分法裡能不能成功有還取決於以下幾個重要因素。

產業市場規模的大小：選擇產業規模必須足夠大，能夠為未來細分品類提供巨大的增量市場空間。

顧客對新品類認知的清晰度：產品的品類屬性、核心價值、品類特徵都是源自客戶心中已有的原始認知，而不是企業自我定義的概念。即：客戶自己認為他是什麼（產品和品類屬性），有什麼特色、有什麼好處，好的標準是什麼，新品類屬性顧客一定要有清晰認知，否則教育成本太高。

細分定語溢價賦能作用：細分定語特徵必須具有高認知度、高附加價值聯想。

產業大品類能夠為新品類認知背書：由大產業為小品類背書，消費者不需要太多的教育，任何的品類創新必須與消費者已有的認知建立連繫。

2. 品類複合法

　　品類複合法：品類複合法也稱為品類整合法，從大家都熟知的品類中取各自優點或特徵進行再組合，從而形成一個全新的品類。

　　奶茶其實就是一個品類複合法的典型代表，奶茶＝茶＋奶。奶代表營養的標籤，茶代表健康標籤，把奶的優點與茶的優點結合在一起，就形成了一個全新的奶茶品類。而且消費者對奶和茶品類認知度都非常高，所以開創奶茶新品類就很容易成功。拍照手機＝打電話＋拍照功能，在早期也是一個新品類，拍照手機的出現直接取代了傻瓜相機品類。後來出現的智慧手機，智慧手機＝拍照手機功能＋電腦的上網功能，直接取代傳統的拍照手機和部分電腦。

　　在實際工作中如何進行品類複合，結合我過往的工作經驗，與大家分享我的一些具體的操作方法。我平時去探求熱門商品機會，往往會聚焦特定目標客群，尋找他們日常生活、學習、工作等場景下，認知度最高且使用「頻率」最多的產品或「使用量」最大的產品。然後把兩個產品的核心功能提煉出來，再把兩者的核心功能進行整合，使同一個產品能夠解決兩個方面的問題。這就是品類複合法的操作路徑。在尋找這種複合機會中，這裡有兩個關鍵點，在實踐過程中必須要注意：一是這兩種產品的品類最好類似，又是在同一場景下使用。比如：拍照和接打電話可以在同一個場景下使用，聽音樂和跑步計數功能，可以在同一場景下使用。第二點就是只需要提煉 1 到 2 個核心功能即可，功能太多就會把主功能覆蓋掉。

　　在應用品類複合法做熱門商品創新時，也需要注意幾條操作原則，可以提高熱門商品創新的成功率。

第一條原則：原來的兩個品類顧客都有很高的認知度。不需要重新進行品類教育，否則需要重新進行品類教育，就會造成新品類教育的週期很漫長，教育成本很高。

第二條原則：兩種原始品類整合後必須形成一個全新的品類。這就要求複合法不是舊元素的簡單疊加，而是做品類創新。

第三條原則：新品類仍舊可以借力原來的品類認知優勢，也就是說舊品類能夠為新品類賦能。

我們可以借鑑糖罐這個品類來說明這個操作原則，消費者對糖的認知度很高，罐子也有認知度，當糖遇到罐子的時候，就形成糖罐這個新品類，消費者就很容易接受糖罐這個新事物。所以你不要高估消費者的認知，你給他一個全新的事物，一旦他找不到心中原有的記憶元素，他們就會很難接受。

3. 1+N 微創新法

1+N 微創新法就是基於自身獨特優勢做出差異，其他元素大膽借鑑，用一個差異點打通整個產品鏈。1 代表：自己獨創的核心變數，N 代表：產業內可以借鑑的通用變數。我們在做產品時不可能在所有環節上都進行創新，而是集中在「關鍵變數環節」上尋求創新，非「關鍵變數環節」大膽的借鑑產業內一些成熟的細枝末葉。這裡有個重點我需要幫大家畫出來，再重複一遍，關鍵變數創新點一定要展現出自己的獨特優勢或特徵，然後突出這個核心變數的價值。每個產業內也都有一些成熟的做法，而且有些成熟做法已經是經過好多年反覆驗證被證明過的，這方面就不需要做創新，不但可以降低創新風險，而且可以提高產品開發的

效率。具體操作方法我把他歸於兩個方面；一個方面：找到產品應用的核心高頻率功能，集中資源把1到2個點做到極致、標準化，讓客戶尖叫，讓對手無法超越。另一個方面：找到產業中可標準化的通用變數直接借鑑；透過標準化提升效率、降低試錯風險和研發成本、又能確保品質的穩定性。

麥當勞產品線，你看起來豐富，有炸雞、薯條、漢堡。其實他們有一個核心熱門商品就是五花八門的漢堡，早期他就是靠漢堡發家的。為什麼漢堡可以做成熱門商品，你分析一下漢堡的特徵，你會發現其實麥當勞就是做了1+N的微創新。1就是那個漢堡麵包；N：就是漢堡裡面的各種餡料，裡面夾什麼餡料就是什麼漢堡。漢堡麵包需求量最大，透過標準化節約製作時間、且品質穩定；漢堡麵包標準化以後就實現了規模化生產，降低了單位成本。所以漢堡利潤很高。必勝客的披薩同樣也是採用的這種模式，1是麵團，N是撒在上面的餡料。麵團可以標準化，上面撒什麼餡料就是什麼口味的披薩。根據我對過去各個產業的研究發現：1+N微創新模式是目前產業最常用的產品創新方法，而且風險最低、成功率最高的新品創新模式之一。

4. 標竿創新法

標竿創新法：需要先找到產業中的標竿企業和標竿產品，然後對標竿產品進行拆解，點對點分析，找到標竿產品可改進點和借鑑點。最後在可改進點的地方展現出自己的特色。標竿創新法有兩種實施路徑：一種是直接借鑑；依靠自身優勢資源形成的成本優勢直接模仿標竿產品，靠成本優勢取勝。另一種是超越性借鑑；找出標竿產品優秀的價值點和

第三章 整體產品設計與熱門商品創新

致命缺陷，對優點進行借鑑，對缺陷進行改良更新，消除產品缺陷使產品更完善，即：針對同一核心功能進行改善，讓產品更符合客戶體驗，且能夠形成自己的獨特優勢。我曾幫一個做堅果企業做產品創新，提煉出來好吃不上火。因為很多消費者對堅果的認知是吃多了會上火，尤其是夏天吃堅果，這種認知導致堅果銷售存在一定的週期性，當年的九月到次年的三月是堅果銷售旺季，四月到八月是堅果的銷售淡季。

標竿創新要想確定成功，一定要掌握好四個關鍵條件：

1. 找準對象是成功的關鍵；如果你參考的對象都搞錯了，就相當於打靶，靶都是錯誤的，不可能取得成功。標竿對象一般會選擇與自己業務類似的、產品、通路類型近似的做研究才更有意義。
2. 產業集中度低越容易成功；如果一個產業集中度非常高，後來者去模仿領導者成功的機率非常低，關鍵客戶不買單。
3. 具有成本優勢；一般後來者去模仿成功者，價格槓桿是最有效的方式之一。除非你在效能上能夠超越對手一大截，而且這種差別優勢能夠讓顧客感知到。
4. 對手存在致命缺陷；對手存在軟肋，你才能進攻的機會。任何產品你只要用心去研究，都能夠找到進攻的切入點，螞蟻滅掉大象其實也不是不可能。

5. 市場專業化

透過市場細分，聚焦特定客群的不同需求，一站式滿足他們。每個人需求都是多元化，針對同一個目標客群，基於不同職業、場景、消費習慣都會存在不同的需求，這就為市場專業化的產品創新方法提供了機

會。亞洲人口紅利在逐漸消失，靠人口增量拉動需求越來越難，未來做產品的模式與過去會有所區別，過去是產品稀缺，流量獲取成本低，很多商家都是把一個產品賣給更多的人，現在是流量稀缺，產品過剩，引流的費用會越來越高。根據網路統計數據不同產業的大概獲客成本：熱門話題關鍵詞費用 300 元左右，不同產業引流費用也在 150 元左右，整套引流成本最高 7,000 元左右，從當下獲客成本來看，如果顧客沒有二次購買，第一次交易基本是虧本買賣。獲得一個精準客戶就需要把他留住，來滿足他們的一站式需求。這就需要圍繞一個人賣給他更多的產品。這就是市場專業化的價值和意義。

關於市場專業化有不同的細分維度，一般是按照年齡層次來細分，兒童、青年人、老年人。比如：嬰幼兒族群根據不同的場景需求，你可以賣奶粉、輔食、童裝、幼兒化妝品、嬰童館、嬰幼兒教育等，一站式滿足這個族群的需求。年輕人你也可以設計不同的場景，比如：旅遊場景產品、運動場景產品。都是市場專業化做熱門商品創新思路。

6. 人性洞察法

人性是一切需求和消費行為的原點，相對其他因素人性是最穩定的要素，一切需求的本質都要回歸到人性層面。基於人性深度挖掘潛在需求，挖掘沒有被啟用的現存需求，這些需求隱藏在人性的背後，一旦被啟用，需求潛力非常大。人性底層的需求我大概歸納為：貪嗔痴表現出來的食、色、欲、懶、奇。你所看到世間人類的一切行為都是人性呈現出來的不同形式而已，萬變不離其宗。

由於人的貪念，提及賺錢很多人的眼睛就會冒光，為什麼有些人會

上當，無非都是一個貪字惹的禍。貪財、貪權、貪利、貪吃。人的欲望給了商家機會。由於人性的懶，催生了外送生意的火爆，大家也知道外食吃多了不健康，但就是不想邁開步伐走出去，更別提自己做飯，尤其是年輕人。

過去國外有一個熱門商品叫懶人襪，一盒有七雙，每天一雙，一週內不用洗襪子，單身人士的私人訂製。網路上賣的很好，這就是滿足了人性的懶。

Facebook 發家第一個功能，也是把哈佛美女的照片貼到網上，引發男生的高度關注，累積了原始流量，基於原始流量慢慢延伸出新的應用功能。交友軟體的第一入口基本都是把這個功能當作流量入口，來累積使用者，然後延伸新功能實現營利。

7. 國家策略導向法

國家策略導向法就是順應國家的產業政策導向，從中找到熱門商品機會，國家產業政策往往是一個產業興起的風向指標，做生意、開發熱門商品一定是順風而為之。基於國家大的產業政策導向，你會發現孕育了很多機會，新能源產業出現了電動汽車，未來在數位經濟領域一定會出現很多顛覆性的熱門商品，特斯拉其實就是數位經濟的一個熱門商品。未來的智慧城市打造，圍繞智慧城市大規劃，出現智慧燈桿、智慧照明燈、智慧號誌等等。掌握國家產業策略導向來挖掘熱門商品創新機會。

8. 市場補缺法

　　市場補缺法就是找到一些小而美的細分市場空缺機會。初期這個機會在萌芽階段，由於規模非常小，產業領導者看不上，小的同行看不見。自己就可以獲得先發優勢和快速成長的機會，慢慢成為產業的領導者，一旦在細分產業獲得領導地位，就可以抵禦強大的對手封殺。市場補缺法在實踐中有一個關鍵要點。在產品立案前期，一定要做深度的市場需求研究，反覆論證這個市場空缺是否存在真實的需求，不是所有的市場空缺都存在市場需求，比如一些衰退產業或產品面臨淘汰的產業，很多企業退出市場造成的市場空缺，這種就不是存在真實的需求，如果覺得有市場空白，一頭栽進去就會深陷其中無法自拔。所以在這個點我提醒大家你發現的市場機會一定要反覆的測試、論證它的真偽性。避免掉入有市場空缺沒有市場需求的陷阱中。

　　我當年做過一款產品，是一種非常小眾化休閒肉製品，這種產品差異化非常強，由於他的視覺差異化，吸引很多人願意嘗試購買，購買後感覺還不錯，慢慢收穫一群年輕人的鍾愛。休閒肉製品領域規模比較多是香腸、肉舖、家禽類，但是這產業競爭也非常激烈，如果我當初切入這個看起來規模很大的紅海市場，也未必能夠勝出。

9. 優勢領導法

　　優勢領導法基於自身競爭優勢開發新品、創造需求、引領消費的一種模式。優勢領導法實際應用有一個關鍵點就是更適合產業領導者。因為產業領導者自身具有標竿效應，很容易引導顧客接受新事物，很多產

業發展往往也是由領導企業創新推動的。如果你的企業處於產業領導地位，你就需要借鑑優勢領導法來開發熱門商品，引導需求。現在消費更新時代以來，消費更新會拉動產業蛻變，給產業領導者更多的創新機會。

10. 老產品更新與延伸法

當一個好產品已經不符合市場需求趨勢或不能滿足顧客多元化需求時，就需要透過對老產品進行更新和產品線延伸來滿足市場需求。任何一個產品和品類都是有生命週期的，當消費者認知發生改變、消費習慣發生改變時，對老產品就需要賦予一種新的生命力。隨著人們生活水準的提高、知識的豐富、認知水準的不斷提高，對過往的產品需求欲望會下降，如：泡麵產業需求縮減，其實就是人們的認知發生了改變，現在消費者已經度過溫飽期，不只是追求底層的生理需求，還要追求更高層次的精神需求。消費者慢慢對低附加價值產品的需求欲望就在減弱，現在 90 世代的購買行為，不只是因為需求才購買，而是喜歡才去購買，這種顧客心理認知變化會顛覆傳統的產品思維。過去做產品都在拚命追求產品使用壽命，認為使用時間越久越好，現在消費者消費模式發生了變化，很多產品被消費者拋棄，不是因為它不能用了而被拋棄，而是因為跟不上流行趨勢而被拋棄。

Nokia 在第三代手機時代曾輝煌過，全球銷量最大的手機。曾被人認為 Nokia 手機不但可以接打電話，關鍵時刻還可以當磚頭來防身，但是 Nokia 在智慧手機時代跌落了神壇。Nokia 跌下神壇後社會各種噪聲四起，有人說 Nokia 跟不上科技進步，也有人說 Nokia 公司市場反應太慢。

最後 Nokia 的老闆站出來說了一句話：Nokia 手機的失敗歸結為一個原因是：品質太好了，Nokia 手機用不壞導致消費者更換新品的速度太慢。自己卻被自己的優勢給打敗了，可笑又可惜。

產品的更新和產品延伸其實是兩個方面的問題，接下來我也分開闡述如何做產品更新和延伸。在做產品更新時往往會從以下幾個方面來評價：

第一個要素：產品差異點；產品是否有明顯的差異點，或產品的過去的這個差異點放到現在，這個差異性是否還在存在，當一個有特點產品投入市場，一旦大賣很容易被他人模仿，模仿的人多了，這個差異化的優勢就消失了。所以差異性也是評價產品是否需要更新的一個要素。

第二個要素：市場趨勢；由於消費者認知和消費行為變化，產品是否還能夠滿足他當下的需求，如果不能滿足，就需要做產品更新。在過去穿衣服都喜歡花花綠綠的顏色，顏色靚麗感覺越時尚。現在的人你發現都在追求簡約派，越簡單越好。

第三個要素：市場銷量；市場銷量往往是判斷產品更新的定量指標，有兩個維度：一個是當下的市場規模銷量；另一個是增長率，增長率更為重要。如果產品沒有持續的增長，就需要去分析背後的原因，找到增長停滯的原因，進行產品更新。

第四個要素：產品毛利率；如果產品的毛利率持續下降，這個產品可能面臨著老化，需要更新。

透過產品評價，找到需要被更新的對象，我們在對產品做更新時，往往會圍繞以下幾個方面做更新：定位更新、概念更新、功能更新、外觀更新、包裝更新、服務更新等。產品更新後，判斷這個產品更新是否成功有一個關鍵點：看產品是否衍生出新差異點或新使用價值，甚至成

第三章　整體產品設計與熱門商品創新

為新品類。產品更新不是數量疊加效應，比如：量販裝、加量不加價、多送多少。這些數量上的疊加都不算產品更新，最多是一種促銷手段，促銷手段不會提升產品附加價值，反而還影響產品毛利率的下降，產品更新的本質都是創造新的價值或增加附加價值。

簡單來說從一張紙到一堆紙的過程，這種形式只是數量上的疊加，紙的品類屬性沒有發生本質改變，最終還是紙的品類屬性。假如從一張紙到紙團，紙團就是一個全新的品類屬性，不只是簡單的紙張疊加，而且與紙還具有高關聯性。這就是產品的更新方法。

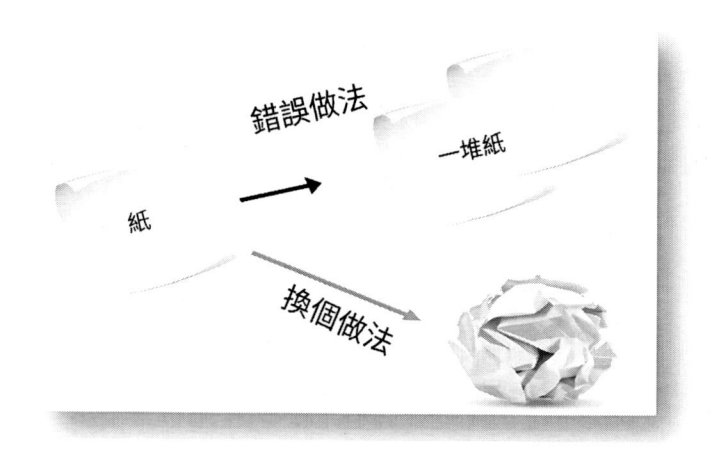

接下來我講一下產品線延伸。當產品不能滿足顧客多元化需求時，就需要做產品線的延伸。當顧客消費場景發生了改變，主流消費族群發生了變化，認知發生了變化等，都需要圍繞這些變化做產品線研發來滿足他的需求。在做產品線延伸時往往有三種路徑：同一產品線延伸、同一品類延伸、跨界延伸。

同一產品線延伸：是指對同一目標客群下的不同消費場景、不同偏好做產品線延伸來滿足他們個性化的需求。我拿礦泉水來看，以家庭消

費場景為核心的泡茶用水，就需要 5L 家庭實惠裝；針對大眾即飲消費就需要 600ml 大眾產品；針對旅遊客群圖個方便就需要 300ml 口袋便利裝。

同一品類延伸：是指同一品類延伸也可以理解成同一品牌下產品系列化來滿足同一類消費客群的不同需求。同品類延伸有兩個關鍵點：一是同一品類下必須是歸屬同一個品牌；二是聚焦同一類客群的不同需求。我拿一家茶飲品牌的案例來詮釋一下同一品類的產品線延伸。

A 品牌茶飲的客群是聚焦在中高階消費者，產品線延伸也是有一條品牌主線的，這條主線就是茶飲料的發生歷史，以茶飲料發展歷史脈絡來展開產品線延伸。茶的原產地是中國，就用原味綠茶來代表中國文化元素。後來馬可波羅來到中國，離開時把中國的茶帶到的歐洲，歐洲對中國的綠茶做了改良，做成烏龍茶，烏龍茶代表歐洲文化元素。在西元 18 世紀英國文化對世界的影響比較大，紅茶是英國的皇室貴族才能喝的一種飲品，在那個時代紅茶代表一種身分，紅茶代表英國文化元素。歷史發展到現代，年輕人更喜歡花茶，花茶就代表年輕人的文化元素。A 品牌的四個產品系列是四種口味，也代表不同的族群文化。A 品牌有很多忠實的粉絲，帶動這款產品的熱銷。

跨界延伸：跨界延伸方法是突破原有的品類屬性做產品線延伸。跨品類延伸有個成功關鍵點：一是原有品類能夠為新品類賦能；二是跨品類延伸只是突破所屬的細分品類，從大品類的角度來看並沒有打破品類邊界。

小米就是一個跨品類延伸的代表做法。小米做手機、手環、音響、洗衣機、電鍋等各種產品。你從細分品類來看，好像是不務正業，產品類別亂七八糟。但是你發現他沒有突破電子產品邊界，各種產品同屬於電子產品領域，哪怕他做牙刷也是做電動牙刷。看透小米做產品線延伸

第三章　整體產品設計與熱門商品創新

的本質以後，你就不會認為他不務正業，而是做的相當專業，為了追求產品的價值，他硬碰硬到底，內部文化也是倡導逼瘋自己，逼死對手的極致精神。

北京故宮做口紅也是相當成功的，其實北京故宮做口紅是遵照的第一條原則。即：原有動能能夠給新產品賦能。我曾經研究過為什麼北京故宮做口紅可以取得成功，我把他歸於四個關鍵要素：

1. 高知名度：北京故宮知名度高，全世界都知道，自帶流量，可以為口紅引流。
2. 高附加價值：北京故宮本身就是代表皇家尊貴身分；能夠為口紅帶來高溢價。
3. 高關聯度：北京故宮的主色調是紅色，與口紅具有強關聯性。
4. 客群精準度：旅遊客群很多是高消費客群、年輕客群，購買力擺在那裡，好不容易來北京故宮玩，機票錢都買了，還差這支口紅錢嗎？

所以北京故宮做口紅取得了成功。我們猜想一下如果北京故宮做低附加價值的鍋碗瓢盆等廚房用具，與做口紅相比，他勝算的機率會有多大？我不敢說一定會失敗，但我判斷很大機率會不及口紅成功。

這四個成功要素對其他產業的產品跨界延伸，同樣具有借鑑意義。

未來我們做產品的關注點，不只是關注同行中的對手，更重要的要關注那些看起來好像與我們八竿子打不著的外來入侵者，他們才可能會跨界革命。在網際網路時代給企業致命一擊的未必是直接競爭對手，極具有破壞力的對手可能是來自其他產業的「壞小子」。超市收銀臺口香糖的下降，你以你是被同行對手搶走了生意嗎？你看產業數據發現對手

的生意也在下降，最後你發現引起收銀臺口香糖銷量下降的罪魁禍首，竟然是手機。過去購物大家排隊付款時，會東張西望，看看收銀臺旁邊的貨架，隨手拿一盒口香糖放進購物籃裡。現在大家逛超市的頻率在下降，就算逛超市排隊時你發現都是在低頭滑手機，而不是看貨架。泡麵的需求下滑，他們發現也不是食品產業內部相互搶生意導致的，而他們的共同敵人是外送平臺。

上面部分我們講了熱門商品打造的十種方法，也是我在管理產品期間經常用到的方法，希望能夠為大家帶來一些啟發，只能說啟發很多方法都是因人而異的。這些方法結合每個人不同的實踐經驗，具體問題具體分析，在此基礎上遇山開路，遇水架橋，成功的路有千萬條，條條通羅馬。

我們根據創意七大來源和十大創新方法在應用過程中一定不能直接照抄，任何創意必須經過實踐驗證才是真正的創意，否則只能叫創想，無法執行。如果做創意論證，關於創意是否可行，可以從以下幾個維度來進行商業化論證。接下來我介紹一下熱門商品創新機會的有效性論證方法。

創新機會的有效性論證

上面我與大家分享了如何去尋找熱門商品機會的七個方向或路徑。你找到以後還需要透過論證到底這是不是真正的熱門商品機會，或者是否屬於自己的機會。有些產業有很多商業機會，但是自己沒那個本事抓住，吃不下的飯硬吃會導致消化不良。所以看起來是機會，其實對自己

第三章　整體產品設計與熱門商品創新

來說有些機會就不是機會。機會不是絕對的，而是相對的。這就需要對機會進行論證。如何論證機會，需要從外部因素和內部因素兩個方面來論證它，最後綜合判斷得出可行的決策。我們先從外部市場因素來分析機會，分析外部因素有一種比較簡單的方式就是從以下幾個方面來論證。

1. 市場足夠大

透過分析找到一個產品機會點或產品概念，你首先要論證市場規模是否足夠大，只有足夠大的規模才可能支持企業賺錢。市場規模包括目前的存量規模和未來的增量規模。存量規模解決當下的生存問題，企業不可能去長期培育市場。所以先找到當下的存在規模，這個產業數據一般比較容易獲得，你可以從產業網站、同行那裡獲取，實在不行就買第三方機構的產業數據，目前很多專門做產業數據研究的機構。你拿到這個數據還需要對數據做一個求證，這需要從另一維度看待市場，找到目標市場精準的消費族群是誰？這個群體是否足夠大，還要了解這些群體的消費屬性是否屬於硬性需求，還是可買，可不買的產品。他們大概的消費頻率是多少，其實用這些要素是可以求證數據真實性，當然我不是懷疑第三方數據，只是提醒大家對影響決策的數據要保持嚴謹。如果消費族群很窄，又屬於可用可不用的產品，雖然數據顯示指標很靚麗，現實中可能很黑暗。

過往我有個朋友經常跟我說他要做左撇子餐具，其實我一直不看好這個品類，聽起來好像目標客群很精準，事實他沒有想過，這個客群很窄，而且左手用的餐具和右手用的餐具本質上差別不大，只是使用方式

不同。你就算給左撇子一套專門為他訂製的餐具，他不一定感知到這套餐具高貴之處。這就是對存量規模的判斷。

2. 增長足夠快

看一個產業是否有未來，就是要看產業的增長幅度，看產業每年的增長幅度有多少，對產業增幅判斷一般我會參考兩個指標：一個指標是看產業領導者每年的增幅是多少，一般新興產業領導者的增長幅度是高於產業平均增長幅度，傳統產業的領導者增幅可能會低於產業的平均增幅，因為他的基數比較大。第二個指標是對標國家的 GDP 增幅，如果一個產業增長幅度低於國家 GDP，說明這個產業增長比較乏力。如果產業增幅超過國家 GDP 增長的 3 倍，說明這個產業增長潛力比較大，如果超過 GDP 的 5 倍都是認為是爆發時增長的產業。

3. 對手足夠弱

有前景的產業一定會面臨一個無法迴避的問題，就是要應對競爭。當競爭來臨的時候，你要評估對手和自己是否有勝出的把握。我們在分析對手時往往會分析產業前三名。找到產業前三名是誰？分析前三具備哪些優勢和劣勢？產業前三名合計市場占有率多少。這裡有一個產業通用的判斷指標 65% 至 70%。一個產業或區域性市場如果產業前三名加起來市場占有率達到 70% 左右，說明產業集中度比較高，對手實力比較強，在這種競爭格局下，後來者勝出的把握非常低，可以理解為進去也是送死，如果這樣不如選擇不進入，如果深陷其中也要及時止損。

第三章　整體產品設計與熱門商品創新

我曾經有個朋友一直有牛奶情節，他在龍頭的奶製品企業工作了大半輩子，認為自己擁有了各種管道資源。總想在奶製品產業創造一個黑馬產品，獨霸天下，稱雄產業。我一直勸他不要進入這個領域，因為奶製品的產業集中度非常高，再加上區域性小農品牌。所到之處奶製品產業的競爭基本都是四足鼎立或三足鼎立的格局。第四隻腳就是當地的區域品牌。如果在牛奶產業新做一個品牌很容易被絞殺掉。我那個朋友就不信這個邪，懷揣一個偉大的夢想走向了創業之路。招兵買馬，建工廠，還沒等工廠投入生產他就扛不住了。競爭就是這麼殘酷，所以先要分析對手，判斷自己是否有勝出的把握。這就是我們經常掛在嘴上的贏的邏輯，贏的邏輯就是孫子兵法所講的先勝而後戰，戰爭還沒有開始勝負已定。

4. 自己足夠擅長

上面分析了對手足夠弱，從另一個維度也要找出自己的擅長點，其實對手是否足夠弱和自己是否擅長是一個矛盾體的兩個方面。所有的強弱都是相對的，如果對手在產業內大家都認為他很強，但是在某個點上自己足夠擅長仍然可以打敗對手。任何事物都有弱點，成敗的關鍵在於對手的弱點領域，能否夠展現出自己的專長，自己仍舊有勝出的把握。就像體育比賽，有些人耐力好他就善於長跑，有些人爆發力好，善於短跑。無論如何總要找到一個自己擅長的點，把它發揮到極致，這是競爭致勝的法則。找到這個優勢點的方法包括兩個方面：一個方面是擁有獨占性資源；就是你有的資源，對手不具備。另一個方面擁有獨占性的能力；你有的能力對手沒有或者在某個方面你比對手做的更好。讓對手看得見、學不會、用不上的核心能力，就是你競爭致勝的抓手。

以上四個因素是外部因素,分析完以後,還要看內部因素,從內部來論證是否可行。內部因素分析更側重於商業化可行性,而不是停留的概念,直接關係到商業價值能否執行。

5. 產品轉化論證

商業價值論證就是考慮整個價值鏈上的盈利水準,如果整個產業價值鏈都賺不到錢,再好的熱門商品也只是夢想,這種夢想也不會持續,一個產品能不能快速爆紅,盈利水準造成至關重要的作用。商業價值論證包括兩個方面:企業盈利水準、利益相關者的盈利水準。先看這個產品企業能不能賺到錢,再看利益相關者能不能賺到錢。如果企業不賺錢,企業打造熱門商品的效率就會下降。如果價值鏈上的利益相關者賺不到錢,他們也沒有培育熱門商品的動力,靠企業自身的力量必定勢單力薄。所以商業價值要兼顧兩方面的利益分配原則。

技術轉化可行性

在過去熱門商品打造經歷中我經常遇到一種現象,市場部門和業務部門都看好一個產品,無論從消費者需求的角度,還是產業發展的角度,大家都覺得某個產品很有前景。行銷部門立案後與研發部門溝通,研發部門認為基於企業現有的技術條件、生產裝置難以實現,雖然採用各種方法去嘗試,最後還是未能達到理想狀態。要麼產品品質穩定性差,要麼製造成本偏高等各種技術制約,最後只能放棄。所有基於這種教訓,我提醒產品負責人,在新品立案的初期都要提前考慮到一些技術可行性。包括技術難度、原材料易得性、製造成本、生產週期等各種影響因素。避免半途而廢,勞民傷財。

第三章　整體產品設計與熱門商品創新

企業資源共享性和相容性

　　開發全新的熱門商品一定要考慮的現有的資源條件，最好能夠與現有的資源共享，透過與現有資源共享可以提升新品開發效率，也有利於提升現有資源的使用率。資源的共享性包括：製造設備通用性、團隊共享性、品牌共享性、通路相容性等各個方面。如果不能共享現有的企業資源，就需要評估投入新資源帶來的回報率和潛在風險。比如：開發某一個新品需要購置新裝置、建設新團隊、開發新通路等，就需要考慮成本大小、專案回報率以及回報週期等，最後做綜合性評價。

　　我做過一個諮商專案，也是國外一家比較成功的企業，公司主要業務是做農藥和種子產品，董事長認為隨著農業未來的發展趨勢一定會走向種子、農藥、肥料一體化服務模式，就是把種子、農藥、肥料做成一次性賣給農戶的模式。企業經過幾十年的市場運作，通路、團隊比較完善，高層就提出來匯入複合肥專案，企業策略要採用種藥肥一體化模式。他們看起來這種模式很簡單，種子業務和農藥業務已經非常成熟，只需要匯入一個肥料產品即可。他們認為肥料業務模式最簡單，開發一個肥料熱門商品，藉助農藥和種子的通路直接順理成章，很容易就成功了。事實證明這個想法過於理想化，他們沒有想清楚三個品類的成功要素是不同的。原來的種子業務、農藥業務都是各自的獨立團隊在運作。種子生長週期長，風險大，萬一發現種子沒買好，當季的收成就沒有了，一般推一個種子新品需要兩年，經過1到2個完整週期的效果驗證，代理商和農民心裡才有底，才敢用這個種子。所以買種子的農民非常謹慎。農藥是個技術性工作，對技術要求最高，尤其是除草劑，一旦判斷錯誤，可以把莊家毀滅掉。賣藥的都是醫生的角色，農藥店門口廣告都寫著「植物醫院」，就是要告訴農民用什麼農藥需要找專業人士把脈。

複合肥是個標準化產品,哪怕氮磷鉀含量低一點,也不會對收成影響很大,因為現在的土地和人一樣都營養過剩,根本不差半袋肥料的營養。所以肥料是按照消費品的模式在做行銷,肥料模式都是打價格戰,賒銷模式,拚的是代理商的資金實力。每個業務模式完全不一樣,就算開發一款複合肥熱門商品投入到市場,發現賣農藥的代理商根本看不上複合肥這點利潤,而且複合肥要靠賒銷做生意,由於農藥客單價低,農藥很少有賒銷行為。賣種子和農藥的團隊這麼多年做下來都形成了僵化思考,現在既要懂農藥,還要懂種子和肥料,對團隊的專業化能力考驗非常大。種藥肥一體化模式由於初期沒有考慮現實資源、條件的相容性,做出來的複合肥熱門商品靠農藥的通路很難快速把銷量拉起來,最終這個熱門商品也就爆胎了。我原來做諮商經歷過不止一個新產品專案最後的失敗都是因為沒有考慮現有資源的相容性,造成公司很大的損失。有些企業針對某個熱門商品去訂製生產設備,最後熱門商品沒有有效爆破,訂製化設備也直接成為了廢品。由此看來資源的相容性變得多麼重要。

避開熱門商品開發的九個陷阱

　　過去不管是我在企業自己管理產品,還是做諮商顧問輔導企業做產品,我發現一個規律,很多人犯過的錯,踩過的洞基本都是大同小異。同樣的錯誤不同的人總是反覆的犯,後來我就把我個人經歷過的錯誤,身邊的人犯過的錯誤,進行了一些整理,我就把他概括為熱門商品創新的九個陷阱。我認為比別人少犯一次錯就多一次成功的機會,也就是格言所說:避免失敗就是成功!很多人的失敗都是在人生中栽一次跟頭就

第三章　整體產品設計與熱門商品創新

再也站不起來了。如何避開這九個陷阱呢，接下來我就把產業內經常犯的錯、我自己交過的學費拿來與大家分享。做熱門商品先學會不犯錯，再學會慢慢走向成功，這也是做熱門商品的成功法則。

1. 不要在偽需求的市場裡砸錢

這句話聽起來好像有點不可思議，人只要不傻怎麼會在一個不存在市場裡砸錢呢。這條勸告看起來好像是廢話，其實很多老闆和產品經理都會犯一些常識性的錯誤。所以我把他放在第一條，因為這是常識，是最不該犯的錯誤。你要知道是人都有弱點，這個弱點就是每個人在關鍵時刻都會很自信，都會相信自己的判斷是對的。很多產品負責人總喜歡在辦公室裡發揮自己的想像力，有時候他們會突發奇想，想出一個很偉大的產品創意，就開始自嗨，然後開始實施這個偉大的創意，最後折騰半天發現這只是一個自己喜歡的創意而已，根本沒有市場需求。

過去有家非常知名的企業做了一個不含酒精的飲料，以為這個產品可以成為一個熱門商品。後來成為天大的笑話。他當時定位的消費族群是想喝酒而不能喝酒的人。這些人有喝酒的欲望，想享受那種酒的快感，而又不能喝酒。想來想去這些人是誰呢？最後他在創意中找到了這個客群，就是開車的人，因為開車的人沒辦法喝酒，他認為這是一個很美的想法。產品上市後先投了幾千萬的廣告費。廣告訴求是一個美女坐在車裡說了一句話：還在喝酒，你 OUT 了。最後發現銷量沒有取得預期效果，大半年後就開始做特價處理庫存，然後在茫茫的市場中消失了。我當時在分析為什麼這個產品失敗，而且投了那麼多廣告費，不然也不會引起我的重視。我分析的結果是他找到的這個需求是偽需求，不是一

個真實存在市場。喝酒的人其實他關注的不是酒的口味,因為酒的口味大同小異,都是辣。他們想要的是那種被酒精麻醉後飄飄欲仙的感覺。由於這款飲料不含酒精,體驗感與普通飲料一樣,找不到那種暈乎乎的感覺,真正喜歡喝酒的人不會選擇它。不喜歡喝酒的人,那種啤酒的味道很重,也不會選擇它。研究發現不喝酒的人對酒味更敏感,這款飲料我自己做過測試,我是不喝酒的人,我嘗了一口就丟掉了,感覺啤酒的味道太重了。年銷售額幾百億的大企業都會犯這種錯誤,一般企業更難逃脫這種思維。

還有一個產品叫雨衣式雨傘,雨傘和雨衣做成連體的,當時的產品創意是上面可以顧頭,下面可以顧腳,真是完美至極。這種產品一般都是大神才能想像出來,地球人難以想像到。最後你發現顧客在使用過程中,頭和腳都沒有照顧到。為了照顧頭不被淋雨你發現沒有撐雨傘方便,下面還有個雨衣包了一層。當雨衣穿在身上你會發現雙手還得不到解放,要用手撐住雨傘。這種奇葩的產品一定是速生速死的結局。我平時做諮商也經常告誡產品經理人千萬不要靠憑空想像的需求來定義產品。

2. 不要過分關注看似很酷,卻不實用的東西

很多產品經理、創意策劃人員、設計師很喜歡追求華而不實的東西,看起來很炫、很酷,其實沒有什麼實際的價值,他們所追求的這些酷點無外乎是為了滿足自己的獵奇心,最後都成了畫蛇添足。這也是大多數創意工作者的通病,包括過去的我也經常在這方面掉入陷阱,其實這都是對創意的執著造成的,創新也是一把雙面刃,脫離實際的創新就

第三章　整體產品設計與熱門商品創新

會出現劍走偏鋒。我經常強調的一個觀點：不要在非關鍵點上用力過猛，而是追求核心點做到極致。過分追求不切合實際的酷炫，不但造成資源浪費，而且大大提高了產品的失敗率。

我曾經有個做設計的朋友，有一次我去他公司，他告訴我他做出一款偉大的創意。他把他的作品拿給我看，說做一個有生命的牛肉，然後講解了他的創意理念。他把包裝袋下面做了一個木桶，木桶裡有草種子，顧客把牛肉吃完，然後在包裝袋裡倒點水，過幾天就會長出一些有生命的草來。他開始自娛自樂說：這個創意真是太厲害了。我當時就勸他說：這個包裝會把他推向失敗的路上。我幫他分析：第一點：顧客買的是牛肉，先把牛肉的品質做到極致，至於你下面能不能長出草來，根本不是顧客關注的重點。第二點包裝工藝會遇到問題；下面的木桶與上面的包裝袋怎麼連接起來？以我多年的包裝經驗判斷，兩種不同的材料、以現有的包裝設備是很難結合的，即便能夠結合成本也會很高。第三點是每個木桶要放草種子，最後這個木桶的成本搞不好會超過牛肉。我都不好意思提第四點、第五點，總之從顧客的角度我不認為這是一個好的產品創意。最後果然被我說中了。在生產過程中製造工藝根本實現不了，而且即便做技術突破，這個成本也非常大。最後他放棄了，只能把那個木桶當作一個創意圖案印在包裝袋上。我朋友引以為豪的創意大作最後變成了一張圖片。追求創意沒有錯，但是一定不能脫離實際價值，不能因追求創意而去追求創意，一定要考慮這種創意能夠帶給顧客什麼利益或好處，否則你就需要交學費。

微軟全球副總裁李開復曾經反思他過去的產品教訓，提出來一個類似的觀點，不要過分去追求哪些看起來很好，但是沒有實際價值的東西。他曾負責開發微軟瀏覽器，當時他提出來做 3D 瀏覽器，他認為 3D

瀏覽器立體感很強，看起來很酷。但是他忽略一個需求的本質問題，使用者在用瀏覽器時最在乎的是什麼？是酷炫嗎？還是開啟網頁速度更快，使用更方便。顯然更快更關注後者，他意識到了這個問題就果斷暫停了3D瀏覽器的開發，直到現在3D瀏覽器的應用沒也有取得重大突破。

3. 不要自我定義產品，要實踐驗證假設

　　根據個人偏好或認知自我定義產品也是產品經理經常犯的錯誤。有句俗話：自己說自己好不算真好，要讓顧客說自己好，他們才會買單，否則就成了老和尚賣瓜，自賣自誇。很多產品經理做產品的習慣是基於自己的過去經驗來給產品賦予概念，或以自我假設的方式做產品。所有的產品創意原點一定是來自使用者需求，符合使用者認知，而不是辦公室裡的遐想、假設產品。任何產品在立案開發前一定要做實踐驗證，不但要驗證他的理念上是否說的通，關鍵在行動上是否行得通。驗證方法我在前面的內容已經分享過，在這裡我就不做過多的闡述。

　　我當年接收過一個產品新專案，松阪肉。我接手這個專案的第三天研發部拿給我一包樣品，順便跟我講一下這個產品的基本情況。透過研發部的講解我才知道這個產品他們已經立案很久了，箭在弦上不得不發。等研發走後我看了一下樣品，我發現一包樣品裡一共79片，而且68片大小不一。我當時有個判斷這個產品做定量包裝就會存在很大風險。關鍵是顧客認知，我就問公司的人什麼是松阪肉？經常去日式料理的人都知道，其實就是豬頸肉，學名稱黃金六兩。品質很好，但是大多數消費者對松阪肉的價值認知是模糊的，甚至是負面認知。後來在市場測試中就驗證了我的判斷。我們在超市裡做測試，消費者會跑過來問什麼是

第三章　整體產品設計與熱門商品創新

　　松阪肉，因為不是所有人都去過日式料理店，所以對松阪肉存在模糊認知也很正常。業務員就在那解釋半天說：黃金六兩，消費者對黃金六兩同樣存在認知模糊。他們帶著好奇心就問業務員第三句話：你告訴我是哪個位置的肉，業務員就告訴他是豬脖子上的肉。當消費者聽到這句話時，放下手中的產品就匆匆離開，連給業務員解釋的機會都沒有。因為顧客認為豬脖子上的肉不太好，淋巴比較多等一些負面認知。專業人士都知道松阪肉是黃金六兩，但是懂的人太少了。所以我一直強調不要自我定義產品就是這個道理。

　　還有一個客戶是做棉被的，他認為現在社會發展越來越快，生活條件越來越好，但是家庭幸福指數卻在下降，夫妻分居比例在上升。他為了解決這個社會問題，就做了一個夫妻棉被。想透過這個創意棉被增強夫妻關係。女人一般怕冷，他就把女方的那一邊做厚一點，男人體溫高，就做薄一點。看起來很溫馨，男人、女人都照顧到了。他理想很豐滿，覺得這麼一個溫馨的棉被一定會被瘋搶。但是現實很骨感，他沒有深度去研究，不管是男人，還是女人蓋被子有那麼多講究嘛，他們買被子最關注的可能是質料是否舒服，填充物是否環保等。如果買棉被的那個人會考慮到不能讓對方熱到或凍到，要買個能夠兼顧到雙方的冷暖，就不會存在分居這回事了。這個問題怎麼可能透過一條棉被就能化解的。而且這個需求點完全是出自於自己的一廂情願。

　　不做自我定義的原因是每個人對屬於自己的東西都會更加偏愛，這種偏愛會高估自己做出的選擇。孩子都是覺得自己家的好，產品就是企業生下的孩子。過去我在企業負責產品線管理發現一個有趣的現象；企業開發新產品往往屬於市場部的職責，把產品賣出去往往是業務部要承擔的責任。一個新品做出來，在上市之前公司都會要求市場部和業務部

預估銷量，等兩個部門把預估銷量報上來你會發現偏差很大，產品是市場部負責開發出來的，說白了是市場部負責生出來的孩子，市場部的人就會高估這個產品的潛力，銷量預估往往比較高。業務部是負責上市後養孩子，孩子不是業務部門生的，他們總是對新產品橫挑鼻子豎挑眼，業務部預估的銷量相對比較保守。

心理學家也曾做過一個實驗，找十個人共同做一件事，最後讓大家評價自己對該專案的貢獻度，專案滿分 100 分，最後得出來的結論：10 個人分數加總，遠遠超過 150 分，大家都覺得自己的貢獻很大，會嚴重高估自己努力結果。

4. 不要盲目追求差異化

做產品經常會被提到差異化策略，其實差異化策略沒有錯，錯就錯在有些人誤解了差異化策劃，為差異化去追求差異化，而不是為了追求與眾不同的顧客價值。當你有一個想法時，你要反覆去追求產品對真實世界真的能解決實際問題嗎？因為消費者只關注對自己有什麼好處，而非關注你產品有什麼特徵。企業所販賣的也是客戶價值而非產品特徵。事實上產品特徵和顧客價值不是一個物種，是不能畫等號的。特徵只是產品有不一樣地方，對消費者來講價值是基本前提。所以特徵無法讓買家產生共鳴，最多是吸引眼球，很難轉化成銷售成果，尤其是持續性的銷售成果。益處是帶給客戶的價值，所以利益點比差異點更容易打動客戶。真實世界中消費者購買的是他真正需要的東西，而非是理想中想要的東西。

這種錯誤在消費品領域不占少數，很多產品經理就要追求不一樣，走個性化路線。一個產品能不能持續火爆，最終還是取決於產品價值，

差異化是個入口。不了解你的人可能會因為差異化去嘗試購買，但是能不能二次回頭（回購率），還要靠產品力是否值得。可悲的是很多人做出的差異點連讓顧客嘗試購買的心都沒有。

過去我一個同事做一款巧克力肉乾，其實沒上市前我都不太看好，但是他自己總覺得這個產品很有特點，市面上沒有企業做這個產品。巧克力肉乾的工藝就是把一片巧克力貼在肉乾上。他沒有去考慮巧克力是糖果的品類，肉乾是肉的品類，兩者屬性都不在於一個品類上，消費者很難建立關聯性聯想。從視覺上看肉乾上面一塊黑黑的東西，你會有吃的食慾嗎？關鍵是你吃一口，巧克力和肉的複合口感會是什麼感覺？反正我嘗了以後想死的心都有。無論從視覺上、還是從味覺上這種差異化都難以讓顧客產生強烈的嘗試欲望，最後的終局一定是陷入銷售死局。

我前幾天逛超市發現一個企業在超市裡推出新品推廣活動，我湊過去一看賣辣茶的，心想又一個傻瓜產品問世了。我就問他們的推廣人員：辣茶你會想到什麼？剛好旁邊有個圍觀的顧客說：感覺像喝辣椒水，顧客的這麼一句話就讓我看到了這個產品的未來終局。

5. 有市場空白，不代表有市場機會

有市場空白，不代表有市場機會，乍一聽好像很矛盾，其實並不矛盾，這也是很多企業家容易栽跟頭的地方。有些企業家在走訪市場時覺得發現一個大新品機會。在某個領域沒有人提供相關產品，其實有些市場空白也可能是一種產品陷阱。有些空白市場天然就不存在的需求，不要總覺得自己比別人聰明。你看到的機會，別人都看不到。你想到的創意，別人腦袋都是裝石頭。傻瓜相機、座機電話等就是存在市場空白，

但是這些產品存在市場機會嗎？我把這個問題提出來大家都覺得是常識，現實中很多人都是在常識上栽跟頭，這是人性的弱點導致。

解決這個問題我有一個建議：等你發現一個市場空白時，一定要進行反覆論證，為什麼不存在同類產品，對手真的沒有看到這個空白市場嗎？對手看的比較更深一個層次，發現它根本不是市場機會。市場上也不存在這種需求。客觀世界存在即合理，存在市場空白在某種程度上一定也有它的道理，你要找到背後原因才能看透本質。

6. 別天真的在自己不擅長領域做產品

每個企業都有自己的競爭優勢，同時也存在一定的能力邊界。優勢都是相對的，做產品也是如此，在自己優勢領域挖掘熱門商品機會，而不是什麼領域的機會都想抓。別人能夠賺錢，別以為自己也能夠賺錢，一個你不了解的市場，陷阱在哪裡你是不清楚的。網路上曾經流行一句話：不要拿自己的業餘愛好去挑戰別人看家本事。任何產業你用業餘練就的技能去和專業人士搶飯碗，很大機率會失敗收場。

韓國三星企業曾因為進入汽車領域造成公司極大虧損。20 世紀末三星已經是世界上顯示器領域的老大，老闆李健熙他個人非常喜歡汽車，認為三星能做好顯示器，就一定能把汽車造好，力排眾議推行汽車專案，據說三星造車虧掉近 10 億美金，最後李健熙不得不壯士斷腕。他曾在反思說：過去我犯過的最大錯誤就是造車。一些企業家有求大不求強的思想，很多人盲目追求多元化，把自己主業務也拖到泥潭裡。

我也曾在多元化層面交過很多學費，所以我現在就非常謹慎的進入一個不擅長的領域。每一個領域要想取得成功都需要多年的積澱。現在

第三章　整體產品設計與熱門商品創新

很多醫藥企業發展過程中遇到瓶頸，就開始轉型做食品，也沒有幾個成功的。傳統的房地產企業經過近幾年的高速發展也進入了瓶頸期，也都在尋求轉型，他們在轉型過程去探索產品創新其實也很迷茫，一定要記得老祖宗留下的古訓：隔行如隔山，做熱門商品也是如此。

7. 別把時尚當趨勢

很多做熱門商品的喜歡追隨時尚，當下流行什麼就做什麼產品，我不是反對時尚元素，我只是提醒大家趨勢比時尚更重要，時尚的東西往往很短命，只有抓住趨勢才能長壽。拿服裝產業來看，時裝的往往賺的都是庫存，商務男裝每年變化都不大，但是利潤很穩定。我研究過很多產業，只要是以時尚元素為賣點的，很多產品速生速死，缺乏持續性走紅。我建議做產品一定是看對趨勢，在這條趨勢線上可以加上時尚元素，時尚元素當作一個引爆點，達到萬綠叢中一點紅的效果。

8. 別把顧客欲望當需求

在做產品需求研究時往往會陷入一個失誤，問到消費者是否願意購買某個產品時，他會滿口答應，而且表現出強烈的購買欲望。當你真讓他付錢時，又開始猶豫不決，最後放棄購買。這種現象會經常遇到。所以要清楚一點：顧客想要不一定會真的買。消費者心中的欲望和現實中的需求不同，欲望是人性，從消費心理學上來看欲望是多元化的，是個無底洞。但是需求更為現實，需求是在一定誘因下產生的，比如：下雨了，他才會買雨傘，餓了才會產生吃飯的需求。滿足顧客需求是需要一

定的條件才能滿足。比如：顧客需要付出財務成本、時間成本。每個人都有欲望開豪車、住別墅，但不是每個人都能夠實現的，所以需求會受購買力制約，需求＝欲望＋購買力。真實的世界裡消費者購買的是真正需要的東西，而非貪圖欲望的東西。消費者大多欲望也只是想想而已，符合購買力條件才會產生真正的購買行為。所以很多時候做市場研究一定要搞清楚是欲望，還是發自內心的需求。不要被人性的欲望誤導。

9. 最大的風險隱藏在你看不到的地方

常言道明槍易躲，暗箭難防，做產品看得見的風險大家都會提高警惕，能夠做到可防、可控。最怕的看不見的風險，往往會被忽視掉，有些潛在風險是致命的，一旦發生可能會造成公司巨大的損失。比如產品品質穩定性。過去我曾經供職的一家牛奶企業研發一個新產品，由於工藝不穩定導致結塊，引發大批退貨。從產品回收、物流運輸、產品報廢一系列處理，勞民傷財不說，對品牌信譽也產生很大的影響。

以上我提到的熱門商品創新九大陷阱，大家做產品時要實時對照一下，看看自己是否曾經犯過這些錯誤，如果從來沒有犯過，我表示恭喜。如果犯過，看看是在哪一條上栽過跟頭，對照我文中提到的改進方法，找到有針對性的改進措施。我在外面做諮商時會經常問企業方，九個失誤哪條曾經犯過，有些企業跟我說基本上全部犯過，而且有些錯誤不止犯一次。

這本書中涉及到的創新方法不管大家能不能學會，我建議先把這九條錯誤規避掉。最低成本的成功的方法就是先確保自己不犯錯，坐等對手犯錯，等對手自殘了，就輪到我們成功了。你哪怕少犯一次錯誤你就會比對手距離成功近一步。接下來我再分享幾條提升熱門商品開發成功率的幾條方法。為熱門商品的成功再增加一條保險繩。

第三章 整體產品設計與熱門商品創新

提升商品成功率的九種方法

1. 做足需求論證是熱門商品成功前提

開發熱門商品需求的挖掘是成功的第一步，初期一定要做充分的市場研究，反覆論證使用者痛點、產品概念、產品功能等各個核心要素，對關鍵細節需要反覆測試論證，直到符合使用者需求。需求是開發產品的起點，如果起點就是錯誤的，後面所有的努力都是白費。

2. 尋求單點突破的創新機會

我們在做產品創新時，要把目光聚焦在穩定關鍵變數上，來挖掘單點突破的創新機會，非關鍵點上進行大膽借鑑。充分理解以創新性模仿而實現獨特性價值。做產品創新不可能每個點都進行重新做一遍創新。把一個核心點打穿，做到極致，做到無人能夠模仿，形成單點壁壘。用單點突破撬動整體產品。

3. 入口功能設計能夠帶給顧客良好的體驗

入口功能往往是俘獲使用者芳心的第一步，如果入口功能做不好，就等於把使用者拒之門外。要深度挖掘啟動使用者情緒的觸發點，能夠快速點燃消費情緒，基於這個觸發點來設計使用者入口功能。蘋果單一按鍵就是入口功能，汽車指紋開車門，一鍵啟動就能帶給使用者良好的

體驗。如果一款高階轎車還用鑰匙開門，用機械鑰匙啟動，使用者就找不到高階等級的存在感。

4. 潛在風險的發掘能力

產品團隊必須具備產品致命缺陷的搜查能力，提前預防風險。新品上市前要儘早的找出產品缺陷，把問題扼殺在萌芽期，而不是帶到市場上，來降低新品上市風險。

5. 利用破壞試驗法發掘產品潛在的品質問題

產品正式上市前必須做產品品質破壞性實現。在產品領域有一種測試產品品質的方法，被稱為迅速失敗測試法。具體操作就是結合產品的應用場景，然後模擬產品真實應用場景，來測試產品品質能夠承受的最大壓力，在最大壓力下讓問題提前暴露出來。可能存在的所有惡劣場景下，對易損點、高頻率應用點進行破壞性試驗。我原來輔導過一個做商務行李箱的專案。他們的行李箱過去經常有客戶投訴說輪子不好，有時候在機場拉著走，輪子就會脫落。遇到行李裝卸人員用力過猛導致表面破損等各種客戶抱怨。後來我就建議他在出廠前自己先做破壞性試驗。每一批都抽檢，讓測試人員自己拉著行李箱模擬機場、高鐵等各種差旅場景，看看輪子會不會脫離。模擬機場工作人員搬行李箱的作業狀態，從一樓往下丟，看看會不會破裂。透過破壞試驗如果發現輪子真有脫落或表面破損，說明品質不過關，需要改進品質，經過幾個月測試、優化，真正實現了行李箱品質的提升。

6. 定點試銷：定點試銷是新產品的最後一根救命稻草

風險控制的最後一根保險繩就是定點試銷，透過這根保險繩把風險鎖定在可控範圍內。爬高為什麼要保險繩，也知道保險繩是多餘的，但是這個多餘的東西，一旦用上就可以救命。其實試銷也是這個道理，他的價值在於透過定點試銷，讓產品潛在風險在試銷區域充分暴露出來，萬一有問題可以做到風險可控，最多也就是影響一個區域市場，而且處理問題的半徑也比較窄，效率更高。我原來負責新品，定點試銷是必做環節，定點試銷和試銷研究相結合，跑完一個完整的銷售週期，經過驗證如果沒有問題，再推向全國市場，大大降低了產品的潛在風險。

7. 產品經理心態平衡：
大膽創新和謹慎求證並行，在自信和敬畏之間保持平衡

產品經理不能過於保守，不能丟失好奇心，要以開放的心態去接受新事物。有一點要注意天馬行空過後，需要冷靜下來做深度思考、求證可行性。理想世界和現實世界還是有一定距離的，在過往的諮商案例中，我發現有些產品失敗都是因為產品經理活在理想世界中。最後在產品執行時發現很多想法不接地氣，缺乏嚴謹的求證，最後導致半途而廢。

8. 組織管理：高效的組織是熱門商品成功的保證

擁有獨立組織和透明的管理機制能夠提高團隊的自主創新能力和決策效率；熱門商品組織目前比較盛行是產品經理責任制和專案化管理。

產品經理責任制能夠提高人的責任心和積極性。專案化管理能夠提高新品開發的推進效率，尤其是產品經理在面對上級主管時，由於層級關係產品經理不好意思對上級主管提出要求或催促，最終導致產品專案進度延遲。我過去的做法是把所有專案成員的權責都寫進專案章程裡，並且有明確的時間節點。該上級主管做的事情，如果他沒有按時執行。比如：重要節點的決策，我至多提醒他一次。如果延期超過三天，我就有權力替代上級主管做出決策。我做成的決策萬一出現偏差，這個責任需要主管來承擔。時間節點到了，主管就會主動找我，而不是我天天跟在他後面催促，這就是靠管理機制驅動每個人都做好分內的事情，大大提高了專案效率。

9. 人人參與：集思廣益

在網際網路時代，資訊碎片化、各種觀點漫天飛，到底誰對誰非，難辨真假。解決這個問題最好的方式就是從公司員工、到上下游的合作夥伴、粉絲等人人都參與發表不同的看法，聽聽不同的聲音。我把他成為廣泛徵求意見，小範圍決策，在收集訊息時盡可能以開放的心態集思廣益，哪怕是反對的聲音也要接納，不能只聽讚歌，這也是產品經理經常犯的錯誤，往往做產品先自我定義一個概念，然後到處收集支持自己的意見，不由自主的封鎖掉反對意見。尤其彙報產品方案給主管時，往往報喜不報憂，暢想市場前途風光無限，最後產品上市了往往曇花一現。

以上就是我總結的提升產品成功率的九種方法，在實踐過程中結合前面提到的產品開發的九個陷阱，你開發熱門商品的成功率就會大大的提高。

第三章　整體產品設計與熱門商品創新

第四章　行銷策略

　　熱門商品打造一般分為兩個階段，第一個階段是熱門商品孵化，就是從 0 到 1 的過程，即：把熱門商品研發出來，實現了從 0 到 1 工作。第二個階段就是透過行銷手段，如何快速引爆它，實現從 1 到 N 的過程，如果不能快速引爆它，產生從 1 到 N 的銷售質變，這個產品還算不算熱門商品。我在第四章就詳細闡述如何透過行銷引爆產品的實戰方法。我把他概括為六個方面。簡稱 6P 策略：定位策略（position）、產品組合策略（product）、定價策略（price）、推廣策略（promote）、組織策略（people）六個方面。

定位策略

　　定位就是定生死，所以定位先行。定位沒有對與錯，不同的定位帶出不同的操作思路和打法。高階定位有高階定位的打法；中階定位有中階定位的做法；低階定位有低階定位的玩法。根據過往的經驗總結定位的三種類型。

　　高階定位原則：聚焦高階市場，匹配高開高打策略。既然確定高階市場，市場推廣策略要跟的上，高階定位用低階的市場策略和打法很難成功。高階市場的消費族群往往注重品牌，高階產品的超額利潤也是品牌溢價帶來的。類似 LV、勞斯萊斯、BMW、賓士等，高階族群的需求不單單是滿足產品的功能的需求，更多是身分的象徵，高階品牌一定要

第四章　行銷策略

做出高階、大氣、上等級的品質。

中階定位原則：聚焦大眾市場，匹配中開中打策略。中階定位往往關注的是大眾市場，這類客群比較廣泛，比較看重產品品質，同時兼顧品牌知名度，這類客群大多屬於中產階級，也有一定的購買力，他們更關注的是產品的性價比。比如：汽車產業福特汽車，這種車型中產階級買的最多。

低階定位原則：聚焦低階市場，匹配普通市場打法。針對低階市場往往在操作上是以價格為槓桿去撬動市場，市場投入比較少。這部分客群主要是考慮產品應用，屬於價格敏感性的消費者，你可以沒有品牌，但是價格一定要便宜。低階市場往往是低價策略，靠自然銷售模式。

定位沒有好與壞，定位成功的關鍵在找到適合自己定位，基於定位同時匹配有效的市場策略才是最重要的。

產品組合策略

我在前面提到熱門商品它不是單一產品，而是一個熱門商品矩陣，就是一個產品組合策略。透過產品組合做到上頂天立地，下鋪天蓋地、中間有策略性的核武器。意思是上面要有高階產品承載品牌和高利潤；下面要有規模銷量產品鋪陳蓋地，來提升市場占有率；中間的策略產品作為打擊對手的核武器。透過組合策略形成產品線的系統競爭力。

產品組合策略

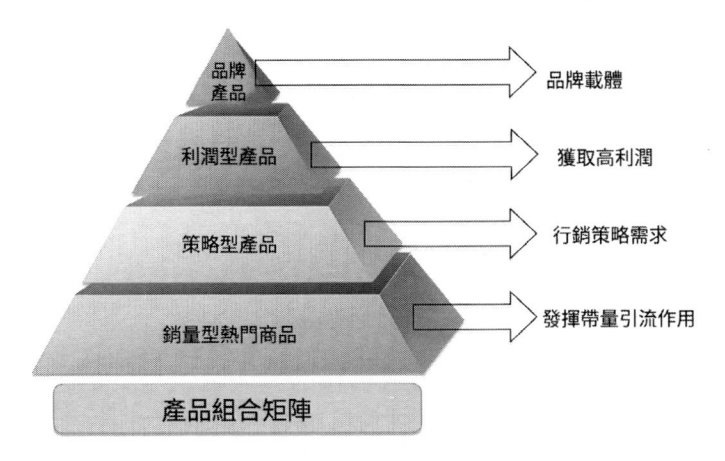

```
        品牌
        產品  ────────▶ 品牌載體

      利潤型產品  ────────▶ 獲取高利潤

      策略型產品  ────────▶ 行銷策略需求

    銷量型熱門商品  ────────▶ 發揮帶量引流作用

         產品組合矩陣
```

品牌熱門商品：品牌往往是承載企業的品牌；任何企業的資源都是有限的，而且投放廣告最忌諱的就是到處亂投，根據我過往的成功方法，最有效的方式就是找到一個能夠承載公司品牌的產品進行集中投放廣告，等這款產品做火爆了，公司品牌也有了知名度，然後再用公司品牌背書開發新產品，這個新產品有了品牌的加持就更容易被顧客接受。品牌產品往往也是利潤比較高的一種產品，能夠支持廣告費投入。產品毛利越高，後續市場操作的空間也越大。

流量熱門商品：透過銷量產品快速提升市場占有率，銷售規模增加，產品邊際成本會大大降低，以規模換市場，以市場換利潤。流量熱門商品有個顯著特徵就是能夠快速做出銷量，而且能夠為其他產品造成帶量引流的作用。

策略性熱門商品：根據公司行銷動態策略的企業需求而開發策略產品。策略產品往往是動態的，策略產品都是具有特定的歷史使命，在一定時期內完成了他的使命就會淘汰掉。過去我提出的策略產品包括以下幾種類型：拓展通路的策略產品、打擊競品的策略性產品、快速獲利策略產品、拓展通路策略產品，這類產品往往是在特定區域或通路銷售，

第四章　行銷策略

主要用來拓展新市場、新通路，維護客戶關係等作用，等市場成熟了這個產品可能就被淘汰或市場政策會有所調整。

打擊對手的策略性產品：這類產品主要是用來阻擊對手進入自己的利基市場，鞏固自己的地盤和維護市場領先地位。有時候也是用來搶占對手的市場占有率。

短期獲利策略產品：短期獲利產品就是公司發現一個新機會，短期內能夠透過一款新產品抓住這個機會快速實現變現。短期獲利產品操作有一個關鍵點：產品開發初期投入低，啟動快，邊際成本低，內部的現有資源能夠共享和高效協同，這幾個條件具備，才適合做短期獲利產品，否則不要輕易做這類產品。

定價策略

很多企業提到價格策略馬上就會想起打價格戰，價格戰已經是當下企業競爭的習慣打法，其實價格不是競爭屠刀，而是一種商業壁壘。卡位主流價格帶，贏得一個品類新時代。價格壁壘就是讓對手賣高了沒銷量，賣低了沒利潤，倒逼對手主動退出競爭舞臺。這才是今天我們探討價格策略的初心和意義。我們探討價格策略可以參考下面案例的做法，從中獲得一點啟發。

我有個朋友是做辣醬的，有一天他突然跟我說，他要退出不做辣醬了，我問他在辣醬領域精耕了那麼多年，為什麼要退出，他就講了一個關於某品牌辣醬創辦人的故事，讓我對這位創辦人打從內心底佩服她。有一天辣醬品牌的人資跟創辦人反應說：分揀辣椒的工人反映忙不過來，

揀辣椒太累了，要求增加人手，創辦人聽了以後悠悠的回了一句：我知道了，哪天我去工廠看看再說吧。有一天創辦人抽出時間自己跑到辣椒分揀工廠跟員工說：大家覺得分揀辣椒太累了，吃不消是不是，今天我這個快 70 歲的老太太揀揀看，如果我能扛得住，就不要加人，如果我扛不住可以加人。結果這個創辦人在工廠裡揀了一天辣椒，站起來離開了。從此以後再也沒人敢提加人手的事了。所以有句俗話：一個和尚挑水喝，二個和尚抬水喝，三個和尚沒水喝。人越多管理半徑越大，人均效率越低，管理成本越高，其實就在經營邏輯。

未來產品定價要獲得超額利潤有兩條路提供參考：一條路是更新賣貴；就是把產品品質更新，然後把價格提上來，獲得高毛利。另一條路是管理增效；如果產業比較成熟，提價的空間不大，那就只能透過管理增效，降低成本和管理費用，同樣的價格，企業仍舊可以獲得超額利潤。這裡我重點強調一點，降低成本一定不能靠壓縮下游供應商的價格，而是靠管理效率獲得超額利潤。

很多企業都在追求超額利潤，有沒有想過超額利潤從哪裡來？根據我多年的研究，企業獲得利潤的來源。有一個利潤公式：利潤＝綜合價值－綜合成本，用馬克思（Karl Marx）的話來說，剩餘價值就是企業利潤。這個公式看起來很簡單，但是很多人不知道綜合價值從哪裡來。根據我的研究綜合價值包括：使用價值、差異化溢價、品牌溢價、稀缺性溢價。

使用價值溢價：使用價值是產品本身的基本功能帶來應收的回報，使用價值只能獲得產業的平均利潤，如果一個產品基本的使用價值都不具備，這個產品很難在市場中活下來，更談不上成為熱門商品，所以使用價值是產品獲得利潤最基本的前提條件。

第四章　行銷策略

差異化溢價：在確保產品使用價值的基本前提下，與對手相比，你有不一樣的地方，你可以賣貴一點，這個差異可以帶來差異化溢價。因為差異顧客無法進行價值比較，消費者在購買前，他衡量產品的好與壞，值不值購買，他總會與競品比較，在比較過程中進行權衡。越同質化的產品越容易打價格戰。

品牌溢價：我們在購買產品時發現名牌產品總是比非品牌產品價格貴很多，哪怕是一模一樣的東西，甚至是產自同一個工廠的產品，不同品牌的售價會差別很大。比如：知名品牌的貼牌產品，他們貼上自己的品牌標籤，比其代工廠自有品牌產品的價格高出一部分，高出的這部分價格就是品牌溢價帶來的超額利潤。現實生活中我們看到，當石頭和愛搭上邊，一顆永流傳，愛情恆久遠。石頭還是那塊石頭，價格卻翻了上百倍，這就是品牌的魅力。

稀缺性溢價：產品具備難以模仿和替代的屬性時，就具備了稀缺性特徵。市場存在某種硬性需求，當需求遠遠大於供給時，根據價值規律價格會偏離價值，甚至價格會遠遠高於其內在價值。稀缺性是最具有溢價能力的一種方式。水在超市裡可能售價 20 元，在高山的山頂上可能售價 40 元，放在沙漠裡就可能變成了 200 元。水本身的物理屬性可能沒有發生太大變化，消費場景變了，在特定場景下變得相對稀缺，價格就會上漲。稀缺性是企業獲得超額利潤最有效的一種方式之一，這種方式就是聚焦特定的硬性需求，讓產品變得不可替代和模仿。

以上就是我講的超額利潤的來源，在實戰中如何進行科學定價，不同的產業、不同的企業可能都有自己的一套定價方法，但是無論哪種方法，萬變不離其宗。從行銷學上來看，產品的定價方法無非包括三種形式：成本加權定價法、市場導向定價法、競爭者導向定價法。其他形式

都是基於這三種形式的延伸。接下來我把這種常用的定價方法在實踐中的應用剖析一下。

成本加權定價法：這種方法是最基本的定價方法，也是最保守的定價方法，把各種成本、費用進行加總後，測試出產品總成本，然後在總成本的基礎上加上產業平均利潤，得出產品銷售價格。這種方法的好處是應用比較簡單，也比較安全，一般不會做成虧本的買賣，因為測算好的成本就擺在那裡。只要不把價格定在成本內，理論上銷售出去就不會虧錢。但是這種方法也有很多弊端，尤其是新產品上市的時候，沒有銷售規模，這種採用固定成本加權法就會把產品的成本提高，銷售額就這麼一點點，固定成本、折舊、管理費等各種費用都攤提在上面，隨著銷售規模的增長，其實各種邊際成本是遞減的。所以成本加權法是一種比較保守的方法，而且動態的費用也無法精準測算出來。

市場導向定價法：目前很多企業都是根據市場導向定價法，市場導向法就是根據市場能夠接受的價格進行定價。現在各個產業產品都相對過剩，最終要消費者買單，消費認為你值幾個大洋才是最重要的。這種操作方式往往是提前對市場採集價格，然後根據採集的價格來測試成本和利潤，看看能不能實現這個價格。如果不能再內部進行優化、改進。

競爭者導向定價法：這種方式是最容易做到的，就是直接參考同類競品定價，跟隨策略，別人賣什麼價，直接就貼近對手的價格走，一般不會偏差太大。競爭者導向定價法操作有個關鍵成功點：參考與自己條件最接近的競爭者；熱門商品產品類型、銷售量大小、管理水準等，如果市場量、管理水準不在一個量級上，這種參考意義不大。比如產業標竿具有明顯的規模優勢、技術優勢、效率優勢，自己不具備這種優勢，參考其定價模式無疑自尋絕路。

第四章　行銷策略

在實際應用過程中，定價方法並不是單一使用，往往是採用組合應用，才能確保定價更為科學、合理。我的做法就是先以市場導向法來測定一個相對合理的價格區間；然後參考競爭者的價格論證這個價格區間是否合理；最後結合財務測試出來的各種產品成本來測試價格的最低邊界。三種方式的結合找到那個最優解。

通路策略

1. 通路本質

在研究通路之前，先搞清楚通路的本質是什麼，時代在發展，通路的本質也在發展改變。

到底什麼是通路？在行動網路時代，一切線上化，我把通路定義為連線，能夠連線顧客的一切觸點統稱為通路。通路即連線，一切連線皆通路。賣場、便利商店、智慧手機、電影院、社群、親朋好友。通路的邏輯是生意的背後是人，未來人即通路。每個人背後都有一個圈子，圈子的背後就是商業生態。所以要打破過去的通路觀念，重新定義通路內涵。

2. 通路的變與不變

隨著網際網路的發展，當下的通路與十年前的通路發生了本質的變化。到底發生了哪些變化呢？我們來看通路的變與不變。

通路不變的內容：通路仍是消費購買產品的場所和商家價值交付的場所。這個傳統功能屬性還是存在的，讓通路發揮了價值交付的功能。

通路變化的內容：隨著行動網路的發展，人們的生活方式、消費行為發生了改變，推動通路更新，改造，從目前通路的演化形式來看大概有以下幾個方面的改變。

3. 通路變化趨勢

通路結構扁平化：通路長度會影響通路效率，未來誰離消費者越近，誰的效率就越高，通路扁平化為未來的必然趨勢，因為層級越來越少，效率越高。過去的通路價值鏈結構：總經銷商──分銷商──零售商──消費者。從生產者出貨到使用者拿到手裡，經過各個環節，週期需要 10 天左右。網際網路的通路結構採用 B2C 模式，生產者直接到使用者只需要 24 小時左右，端到端的服務效率提升了 10 倍。

通路 BC（Business 企業、Customer 消費者）一體化：過去通路模式是 B 端和 C 端分離，B 端做 B 端的事，C 端做好 C 端的工作，大家分工明確，各自做好各自的事，各自賺各自應該賺的錢，井水不犯河水。隨著競爭的加劇，進入抱團取暖的時代，各自為戰的狀態造成協同效率低下。未來必然 BC 走向聯合作戰，形成合力來應對外部競爭。這種合力就是以「使用者」為中心，透過 C 端使用者需求來拉動 B 端供應鏈更新。同時 B 端也需要透過自己的專業能力賦能 C 端。

通路形式數位化：隨著網際網路、自媒體、5G 商用普及，商業發展進入萬物聯動時代，通路數位化將成為主流。我們回顧通路發展歷程，由過去傳統的實體店到傳統電商模式，一直發展到現在的直播電商，大數據

對通路的發展發揮了重要作用。所有的通路行為和消費行為轉化為大數據，這些龐大的數據透過演算法又會賦能通路發展，未來大數據將會成為企業的最值錢的資產之一，依託大數據驅動的通路模式是必然趨勢。

通路連結立體化：人群分散化、消費場景的多元化、資訊碎片化，傳統通路的聚客能力越來越弱，黏著度也越來越差，隨後行動網路的發展，消費者實時線上化、商家實時線上化、產品實時線上化等，一切實時線上化提供了全連結、全場景立體連線的機會，全連結連線催生了通路立體化。

通路價值體驗化：通路過去是「交易場所」，發揮價值傳遞的作用，現在變成了人性化的「體驗場景」，你從一些店頭上的微妙變化就能感受到，過去門市招牌都是某某專賣店，現在都改成某某體驗中心。由門市到體驗中心的思維轉變，其背後的邏輯是對人性的尊重，更是使用者體驗的重視。

4. 重新定義通路價值

根據通路的變化趨勢需要重新定義通路，不但對通路的屬性有新的認知（從交易場所到體驗場景），對通路功能需要重新定義，對通路模式也要重新定義。過去的通路功能比較單一，就是交易場所，未來的通路功能更多元化，從現在的趨勢來看未來的通路功能會分為三種功能：體驗通路、勢能通路、利潤通路。

體驗通路：主要功能是以使用者體驗為主，兼顧銷售，體驗通路只是作為銷售的一個流量入口，不是以銷售為主，如果使用者體驗好，即便沒有在體驗通路購買，之後也許選擇線上購買，發揮了長期作用。現在很多企業都已經布局體驗通路：蘋果體驗店、小米體驗店等。

勢能通路：就是能夠快速爆發銷量，或快速提升品牌知名度的通路，

我把它稱為勢能通路，比如：線上通路，雙 11 一天就可能把全年的銷售目標完成，一個直播主就可能實現銷售的爆發式增長，這些通路就是勢能通路，勢能通路不可忽視，因為勢能通路的爆發力非常強。

利潤通路：利潤通路就是能夠帶給企業高利潤的地方，有些利潤通路可能是一些特殊通路、甚至隱性通路。比如：大客戶通路、酒吧、KTV、高速公路休息站、團購通路、特產店、度假村等；這些通路不是遍地都是，甚至被商家忽視，其實這些通路的利潤率非常高。

5. 四位一體立體通路結構

立體通路就是根據全連結設計的通路模式；即：V+O+O+C 模式。線上商店、線下實體店、社群商圈、直播為指揮中心。

V 是指場景化直播

我這裡提到的是場景化直播，而不是一般的直播，為什麼我提到場景化，因為場景化更真實，更能建立使用者信任感。假如賣蘋果就直接在蘋果園裡做直播，顧客可以提出要求摘哪棵樹上的哪個蘋果。這樣就更真實，更能產生使用者互動，未來直播可能是流量的主要來源之一。

O 是：指線下實體店

無論各種電商如何發展，也不可能完全取消實體店，實體店有它存在的價值，實體店可以增加顧客體驗，穩定性好，人都有跑了和尚跑不了廟的心態，透過實體店能夠換來顧客的信任和放心，實體店就是打陣地戰。

O：是指線上的數位化網路商店

不管是傳統電商、APP、還是線上商城，總之商家未來一定要有線

上商店，線上商店會成為未來每個商家的標配。線上商店最大的好處是能夠獲得使用者數據，等線上累積了足夠的使用者和交易大數據，可以為線下通路賦能導流。線上商店的靈活性好，操作相對簡單，所以線上商店更適合打運動戰。

C：是指私域社群

這個群體也可以理解為私域商圈，每個人背後都有一個圈子，圈子的背後就是生意，圈子其實做的是熟人生意，熟人生意背後有信任背書，所以圈子內的關係黏著度會更強。過去的直銷等，其實都是建立在熟人的基礎上，去賣高毛利的產品。但是熟人生意持久的核心是價值，如果不能以價值為前提，熟人生意也是無法持續的，所以過去很多直銷都是一次性買賣。主要是因為產品不給力導致的。

這個立體通路最終形成天網（線上商店）、地網（實體店）、人網（社群），立體連線，全網覆蓋。線下實體店是根，線上是面、社群是魂。立體通路的執行模式為：線下做透一個店，線上覆蓋一個面，社群做透一個圈，用直播打通線上、線下、社群。

不同的企業由於產品、資源、商業模式不同，在建構立通路方面不能盲目照搬，至少有側重點。通路建構需要考慮以下幾種影響要素：

產品特徵、複雜程度、專業化程度；產品越複雜，需要的通路層級越短。上游的控制力量越強，通路層級越短，技術含量越高通路結構越短，如：高階設備製造商的控制力更大。

企業自身資源能力的強弱；組織能力越強，通路結構越短，否則越長。

產業競爭格局；競爭越激烈的產業，需要市場反映速度越快，通路層級就越短。

推廣策略

　　推廣策略是一個體系，從媒體策略、通路推廣、消費者活動，根據當下的市場環境，詳盡拆解如何開展推廣策略。

1. 媒體變遷趨勢

第一階段傳統媒體時代

　　廣播、電視廣告、報紙、雜誌、牆體廣告是過去主流媒體。50 歲以上的人經歷最多的是傳統媒體。進入網際網路媒體時代，過去是人找資訊，現在是資訊找人，因為流量稀缺了。消費者的視覺陣地發生了轉移，從傳統媒體轉向入口網站。

第二階段入口網站

　　入口網站相對傳統媒體更為精準，尤其以搜尋為主要工具。如：Google 搜尋、Yahoo 奇摩，現在很多 00 世代家裡可以沒有電視，但是必須有寬頻，據統計電視的收視率在持續下降。有些年輕人甚至可以三天不吃飯，不能一天無網路。

第三階段搜尋推送時代

　　資訊大爆炸、資訊碎片化導致使用者篩選資訊的成本越來越高，傳播的效果越來越低，催生了智慧搜尋推送，提升搜尋資訊的效率，引發各大網際網路公司、電商的技術更新。

第四階段社群媒體

　　隨著泛娛樂的發展，90 世代是伴隨網際網路成長的，他們生活、學

習、娛樂已經離不開網際網路，加上5G技術的發展，短影片和直播興起，出現了第四代社群媒體。社交媒體是情感連線，不同於傳統廣告，社交媒體是基於使用者興趣，由被動關注到因興趣去主動關注。隨著行動網路技術的發展，傳播模式發生了改變，簡單粗暴的廣告時代終結，網際網路流量紅利盛宴也即將結束。隨風潛入夜、潤物細無聲的優質內容正在熱播。內容媒體開啟新時代，虛擬世界不斷的顛覆、吞噬現實世界。從物質文明真正走向精神文明時代。承載精神文明的載體就是「內容和文化」。小紅書、抖音等各個細分產業的社群媒體、電商風生水起，火成一片天，對傳統電商都造成了流量衝擊。

我有個朋友做網際網路，公司員工基本都是90世代年輕小夥子，上班期間他發現這群年輕人平均17分鐘要看一下手機，他一氣之下，要求上班期間，不能看手機，手機集中放在門後面的辦公桌上。政令一出新問題出現了，員工上廁所的頻率增加了，老闆總不能不讓員工上廁所吧，更生氣的是，上廁所的時間延長了，蹲廁所的時長超過30分鐘，腿不蹲麻不出來，手機滑過癮了再出來。後來他沒辦法，又說：規定上廁所時間不能超過15分鐘，結果第二項規定一出，沒過幾天很多人提出離職。現在社群媒體內容已經成為了年輕人精神糧食，你斷了這個精神糧食，就於生不如死，必然遭到反抗。

2. 自媒體時代，超級個體崛起

網際網路和自媒體的發展，超級個體的崛起；KOL（意見領袖）、KOC（領先顧客）口碑效應越來越明顯，無論是從小米的鐵桿粉絲口碑效應，還是看小紅書的種草模式，背後都是超級個體的影響力。超級個體本

身就自帶流量，不管是 KOL 還是 KOC 他們都是粉絲的朋友，具有真實性、權威性背書，能夠贏得消費者的信任，他們的推薦可以提升轉化率。

00 世代是網際網路原住居民，娘胎裡都開始接受網際網路胎教，成長過程又是被網際網路餵養，所以他可以三天不吃飯，但是不能一天沒網路。三天不吃飯，餓不死，一天沒網路，他覺得生不如死。據不完全統計，亞洲大概有 465 萬個 APP：3 天流失 30%，30 天流失 90%、300 天流失 99.5%。熬過一年使用者不解除安裝的 APP，基本上就是穩定了。這個數據尷尬到無地自容，商家心痛到一籌莫展。2020 年又遭到禍不單行的疫情，屋漏偏逢連夜雨。數據說明了網際網路「使用者增長紅利」的消失，從躺平賺錢，到競爭殺到頭破血流。

3. 內容熱播時代來臨

未來的行銷模式一定是好產品和好內容的結合，好產品自帶流量，好內容讓使用者產生黏著度，產品幫客戶解決真實的痛點，好內容可以用來講故事，最終實現好用，好玩的客戶體驗。行動網路慢慢進入內容為王的時代，這種內容形式是多樣化的，可以是文字、圖片、影片、直播，我把他統稱為內容，未來影片內容會變得越來越重要，我和一個做風險投資的朋友曾有過一次深度的討論，最後我們達成一個共識，未來一定是影片媒體時代，影片會是公司另一種形式的官網，未來可能每個公司都會有一個影片官網。影片最大的優勢就是視覺衝擊力遠遠大於文字和圖片，這個影片包括直播，直播能夠產生即時互動，由於即時互動能夠建立顧客信任感。你開啟抖音這種看似娛樂平臺，你會發現可口可樂、寶僑都在上面表現自己，他們也意識到年輕人消費模式、消費場景

第四章　行銷策略

發生了改變，過去認為不可能的事情現在已經成為了常態，過去看不上的通路或行銷模式，你現在必須去接受、去熱愛。

4. 事件行銷引爆產品

事件行銷也是引爆新產品經常用的打法，但是對沒有實作過的人來說還是充滿好奇心的，因為這種方法非常的有效。對一個新產品來說一般消費者還是非常陌生的，有顛覆性的創新產品，消費者根本不知道他是什麼鬼東西。事件行銷最大的好處，事件本身就自帶吸引眼球的關注度，很多人都知道，尤其是社會大事件，傳播觸達率非常高。但是都是同一件事，為什麼有人事件行銷就做的很好，有些人就沒有引爆。這就是有些人不得要領，沒有找到事件行銷的關鍵點。接下來我結合自己的經驗和真實案例來做個分析。

事件行銷運作模式是借事、造勢、做市。即：找一個關注點高的正面熱門話題事件，與自己建立相關性的關係，策劃運作方案，借力做市場。借事是集雲，造勢是下雨，做市是接水。具體操作要點：

借事：一定要選擇高關聯性的第一或唯一性特徵的事件，這裡我提到兩個關鍵點，與自己產品高關聯性，不能選擇與自己企業或產品八竿子打不著的事件，第二個關鍵點就是具有第一或唯一性特徵，這種更容易引起別人的關注。

造勢：藉助熱門話題事件策劃各種推廣活動造勢。把事件引爆後，線下各種物料，比如：文章、電視媒體、戶外廣告同時跟進，形成立體傳播，整個影響力就非常大。

做市：市場快速響應，廣告＋促銷發揮聯動效應，提升產品的銷售

量，事件行銷是一種整合行銷的模式，各個環節相互協同，缺一不可，有些企業沒有意識到這個邏輯，線上廣告資源投入很多，線下的活動卻沒有配合，消費者買產品找不到哪裡有賣，最後花了錢只能賺聲量，業績沒有賺到。做市很重要，最終要獲得市場銷量，一定不能出現集雲、下雨前奏做的很好，最後發現盆子沒有接到水，等於都是白忙活一場。

事件行銷找到事件是成功的前提，事件的選擇一般分為兩種形式，一種形式是社會存在的重大事件，事件影響力比較大，人人皆知。比如世界盃、奧運等世界級的大事件。另一種形式是企業內部事件，為了一個特定目的展開的一項事件，這個事件也能造成比較大的社會影響力，帶給社會正能量。國外一個賣堅果的知名企業，在開業當天老闆過去驗收專賣店，他發現專賣店的用料竟然是豆腐渣工程，老闆很氣憤，現場直接拿起鐵錘把專賣店給砸了，這個舉動一是展現出公司的反腐決心；二是對員工的警示作用；三是傳播一種正能量。透過砸掉豆腐渣專案，也是對消費者負責。然後透過公眾媒體的報導為公司樹立了一個好的公眾形象。

根據過往的成功經驗事件行銷，選擇「公益性事件」是相對比較容易成功，比如國外發生洪水事件，一個即將破產的鞋工廠捐了300萬，對外宣傳捐完這筆錢打算申請破產，結果鞋店門市出現了搶購潮，消費者都衝到門市搶購，硬生生的把工廠從破產邊緣拉回來，而且訂單排到來不及交貨。這種公益事件行銷比較成功的原因：一是為社會做了貢獻，帶來正能量。對社會有貢獻的企業，就累積了好的口碑，大眾會更忠誠於這個品牌，最後實現了雙贏。

5. 娛樂行銷引爆產品

　　隨時年輕人成為消費主力，娛樂元素必不可少，在開篇我就提到產品要好用、好玩，年輕消費者不只是為好用買單，更看重好玩，生活水準在提高，人們已經度過了溫飽階段，小康生活精神層次的需求變得更重要，娛樂行銷會成為未來的主流模式。就是要把行銷玩出花樣來，讓使用者參與，透過不同的玩法來俘獲消費者的芳心。而不是過去的傳統促銷讓利模式，類似加量不加價，多加 100 克，靠低價、靠促銷來促進成交。靠促銷模式引爆產品的方法在新一代年輕人身上可能面臨失效，尤其是網際網路時代，刷 QR Code 消費模式，他們根本感知不到錢的存在，娛樂刺激變的更為重要。娛樂行銷有各式各樣的形式，經常用的娛樂行銷大概有三種方式：

　　娛樂贊助模式：隨著自媒體產業的快速發展，近幾年出現了很多娛樂節目，各種選秀節目、各種形式的脫口秀等娛樂節目造就了一些娛樂名人，同時也炒熱了一批新產品。

　　植入式廣告：植入式廣告也是娛樂行銷的一種新手段，企業微電影等，未來也是成為一種新的媒介手段。

　　網紅達人：網紅達人本身就具有泛娛樂性，其實也是一種新的媒體形式，也是一種通路模式，不管是在抖音平臺，還是其他短影片平臺，網紅達人都是產品推廣的一種新手段。未來網紅達人是不可忽視的一個族群，甚至不能小視的一個通路。如果一款新品上市，請網紅達人帶貨有可能迅速爆發，因為直播具有娛樂屬性，購買相對比較集中，可能會出現短期內爆發，達人直播不同於傳統電商和實體賣場，傳統的模式是因為需求才去購買，而且購買週期比較長，直播是即興購買。

6. 私域生態熱門商品策略才是未來王道

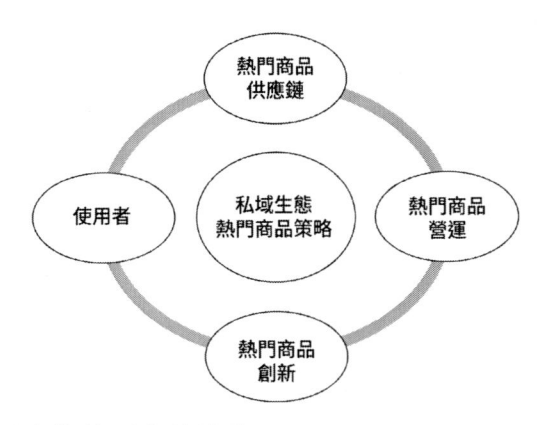

```
          熱門商品
          供應鏈
    ┌─────────────────┐
使用者    私域生態      熱門商品
          熱門商品策略    營運
    └─────────────────┘
          熱門商品
          創新
```

什麼是私域生態熱門商品策略？

　　流量越來貴的時代，精準流量變得就越來越重要，隨著各個產業紅利的消失，產業生態也發生了逆轉，從產業鏈模式走向產業生態模式，在此基礎上，我提出了私域生態熱門商品策略。私域生態熱門商品策略本質就是從花錢釣魚到養魚模式，從一次性買賣到持續貢獻價值。

　　私域生態熱門商品策略包括兩個方面，私域生態和熱門商品策略，私域生態熱門商品策略基本邏輯是先建構私域流量池，基於有私域生態製造出好的產品，再用好產品和好內容餵養粉絲，繁育生態，最終形成良性循環。

　　私域生態包括四個層面：使用者生態、供應鏈生態、通路生態、熱門商品生態。現在的商業競爭你會發現單要素打不過系統，這就需要組織的系統作戰，未來的作戰系統就是打生態戰，是生態與生態之間的競爭，而不是單要素比拚。誰的生態鏈強大就可以去吸納、合併其他生態，這是自然界的競爭規律。就像早期當陸地變成海洋的時候，環境變了，水系生態就收編了陸系生態，鯨魚就是被水系生態收編的最典型的

陸地代表物種。

　　私域生態熱門商品策略在具體執行上也是有節奏講究的。第一步是先建構私域生態。第二步是基於私域生態組織熱門商品策略執行，即滿足私域生態需求的熱門商品策略。

7.　公域流量私域化

　　公域流量是泛流量，私域流量才是自己的親粉絲，泛流量的價值遠遠低於精準的私域流量的貢獻率。據了解 CPM（Cost per thousand impressions，每千人曝光成本）：傳統電商平臺獲客成本已經到了 300 元／人左右（總廣告費／付費客戶數），旺季時代有些平臺關鍵詞搜尋競價排名已經達到 350 一次點選率，2013 年我們做月餅點選率 200 元／人，我都覺得虧的扛不住，一盒月餅也就才 150 左右，碰到團購客可能還能賺個九牛一毛，碰到單買的客戶，甚至不購買的客戶，商家就只能咬牙認賠廣告費。電視購物的引流客單價已經是 3：1，1：3 是才是盈利的平衡點，30% 廣告費、40% 產品、30% 管理費。投一次電商購物廣告 10 萬，賣了 10 萬銷售額，相當於花錢 10 萬元僱傭一群人，白送 10 萬的產品，看起來賣 10 萬，其實是淨虧 20 萬，賠工又賠料，最後連根毛都沒看到。

　　最近幾年也有很多行銷人在振臂高呼公域流量私域化，但是他們沒有告訴你如何把公域流量私域化。接下來我來分享公域流量私域化的路徑和方法。我先來看一下公域流量私域路徑模型。

公域流量私域化模型

```
公域流量池                                    私域流量池
   線上                                        私域營運
購物網站、電商平臺、社群平臺              內容輸出、價值輸出
資  社群          客      流量之通路   流量    關注、認同、信任
訊  協會、社交圈、興趣社團、民間組織  流      篩
流                 流                   選    通訊工具或APP
   門市、超市、沙龍
   線下
         引流          →    篩選   →   營運
    產品、內容、廣告等
```

　　網際網路有很多公域流量池，目前流量比較大的線上平臺，根據不同的使用者來劃分。線下通路各種超市、專賣店、商場、娛樂場所等。社群比如各種協會、商會、各種民間組織等。這些流量都是累積在特定平臺上，不屬於自己的流量資源，如果把這些資源引到自己的小池塘裡來，把這些流量養起來為未來自己所用，就需要方法和路徑，接下來我來說一下公域流量思域和的底層邏輯。

首先建立私域流量池

　　私域流量池的建立也有很多方法，比如常用的有直播平臺、社交APP等，其實都是私域流量池工具，建立私域流量池工具沒有好壞，只有是否適合自己，比如小企業你建立群組、粉絲團等可能就能滿足你的業務，但是他也有潛在的風險，比如萬一初選不測，可能會被平臺封鎖的風險，企業自建APP安全性高，但是投入比較大，後臺管理、客戶數據等都可以做好很好的保密性，APP是屬於自己的平臺，也能夠有效的避免被別人封鎖，但APP平臺缺乏流量，不像其他平臺自帶流量。所以

第四章　行銷策略

選擇一種適合自己的方式非常重要。

公域流量私域化底層邏輯是用心經營使用者，而不是割韭菜。

公域流量特徵是聽天由命，公域流量在別人的流量池裡撈魚，不可控，你發現很多公域流量都是平臺的，不是自己的。你投廣告討好平臺，就會給你施捨一點流量，而且這些流量能不能轉化成成交，還要「聽天由命」。私域流量特徵：「我命由我不由天」，私域流量是以交情為基礎，別人挖不走的，所以私域才能做到「我命由我不由天」。兩者的本質區別在於一個在自己家魚塘裡，愛怎麼釣就怎麼釣，一個是在別人家魚塘裡，高興了給你釣，不高興不給你釣。

信任是私域的基礎：交情在前，交易在後。

有了交情未來自然就會有交易。交情是以信任為基礎的。在虛擬世界大於現實世界，但是虛擬世界必須解決信任問題。先做好接待，再做好招待，最後才能贏得使用者的愛戴。流量一進來做好接待而不是著急賣貨，後續做好招待（持續的價值輸出）。

我有一次去手機店，一隻腳剛踏進來，另一隻腳還在門外面，業務員馬上問：你需要買什麼手機，然後我轉身離開。去另一家店，一進門業務員馬上走過來倒杯水，大熱天先坐下來喝杯水，這叫做好「接待」工作，然後再問你：請問有什麼可以幫你？隱含的意思就是你需要買什麼手機，但是她用詞就比較含蓄，用「幫」這個詞，而不是「買」，幫就是朋友關係，買就是交易關係，然後她開始不厭其煩的介紹，這叫招待，跟你講半天，女孩累的滿頭大汗，你喝完水，好意思站起來走人嘛，你必然要愛戴她。

好產品＋好內容，產品是1，內容是放大器；

如果產品品質差，產品靠不住，傳播力越強，產品死的越快，這叫

一夜暴富，一夜暴死，所以產品做好，靠內容引爆，我在前面闡述過這個理念。

從大而全，到小而美，從流量橫向增長，到存量垂直提升。

策略定位就是選擇一個高潛力的細分領域，專注自己擅長的一件小而美的事，透過長期精耕建立利基市場，累積資源，建立壁壘。很多企業，動不動就說我們要進500強，業界第一、世界唯一。別人跟風自己不跟，就覺得對不起自己的命，覺得沒面子，最後搞得虛胖而不強。

說起來這些做私域的邏輯有些人好像也很懂，一聽都明白，一做就走樣，為什麼會出現這種情況，其實很多時候還是內心存在著掙扎，根據我的經驗來看做私域的幾個常規失誤，拿出來與大家分享一下。

8. 私域生態營運失誤

定位混亂：

公域流量私域化，首先要做定位，找到自己的 IP 身分定位，這是個起點。你要告訴顧客你是誰？是幹什麼的？能帶給他們什麼好處？你做的事要值得可信等。很多做私域營運的比較隨心所欲，腳踩西瓜皮，滑到哪裡是哪裡。IP 定位不清，身分不明，今天拍搞笑影片，明天賣面膜，過幾天又賣藥，客戶一頭霧水。

只有把定位確定以後，後面的關鍵要素才能有明確的方向，比如：IP 名稱、暱稱、頭像、個人簡介、廣告語、背景等其實都是圍繞定位來展開，只是保持風格上的統一性。如果定位沒想清楚，後面的要素也是散亂的。

定位成功的關鍵點：

聚焦，聚焦一公分的寬度，做到一公里的深度。定位確定關鍵還需要策略定力，不能朝令夕改，經得住誘惑，耐得住寂寞。自己做生鮮的，不能看別人賣海鮮生意不錯，自己就跑去賣海鮮。任何產業都是三年入行、五年懂行、十年自然成王的規律。

把私域流量池當韭菜地

很多人做私域太著急，把粉絲圈起來，還沒有混熟，甚至人家還沒搞清楚你是做什麼的，就開始發廣告，磨刀霍霍割韭菜，而不注重價值輸出或等價交換，過不了幾天使用者就主動退群，私域營運的一個原則要麼價值輸出，別有事沒事去騷擾使用者，讓人家覺得你有價值，有價值才有黏著度，使用者有需求時才會想到你。

忽視使用者品質，盲目追求使用者數量

很多人追求粉絲數、追蹤數、點讚數、瀏覽數，其實泛流量是不值錢的，如果不精準，等於打擾別人，消耗自己。把精力花在泛流量上，最後無法變現，到頭來竹籃子打水一場空。

做私域缺乏耐心，總想賺快錢

私域流量不能過於短視、圖賺快錢，要具有長期思維，需要透過不斷的深化關係，建立信任，產生長期的關係黏著度。有態度的價值觀、有溫度的服務。一夜暴富，也容易一夜暴死。你看看那些中樂透的，拿到錢就開始妻離子散，四鄰不和，沒有這個發財的命。私域是追求長期價值、厚積薄發，不是流量收割模式。

高層重視只停留在口頭上，缺乏行動支持

我原來接觸過一些企業，老闆天天說傳統模式已經走到盡頭，我們

要轉型做私域，結果私域策略都是停留口頭上，高層沒有真正重視，隨便找個人，放養式管理，自生自滅，缺乏統一規劃，真正的做私域應該找專業的人士，做策略性布局，投資策略性資源，打攻堅戰，而不是試試看，淺嘗輒止。老闆要看清楚了，找到入手點，就要下決心，要麼成，要麼敗，沒有中間值。

9. 私域流量變現模式

公域流量私域化，不管是公域流量，還是私域流量，最終的目的都是為了價值轉化，私域流量轉化有個過程，這個過程為了方便理解，我把這個模型直觀的概括為私域流量變現模型。一共有六個環節構成，從客流作為起點，引流、養流、轉流、回流、裂變，六個環節走完剛好形成一次循環，這個變現模型是源自我們做私域營運的實踐，可能與其他數據上看到的有點不太一樣，我只追求接地氣的模型，而不是追求邏輯的完美。

第四章 行銷策略

接下來我把這個模型拆解，做個解析，可能大家就更容易理解和實戰操作。

客流：客流通常只指流量池。先有流量再有銷量，換句話說客戶在哪裡，生意就在哪裡，生意跟著流量走，客流在哪裡聚集，你就在哪裡擺攤，做生意流量是基本前提。我經常強調一句話流量池找對，效果事半功倍。流量池找錯，一切白做。

引流：引流是聯結器。就是透過這個聯結器把公域流量導流到私域流量池，做引流必須有一個引流工具或聯結器。根本不同的客群、通路，引流聯結器形式也是多樣化的。總體可以分為四大類。

產品類：也叫引流產品、試用品、免費體驗等。

贈品類：優惠券、小禮品、大禮包、增值服務等。

現金類：消費回饋、會員折扣、紅包等。

內容類：知識技能分享、才藝展示、好看的影片等，都屬於內容類。

我們根據不同的目標客戶、不同的產品，引流工具是不一樣的，但是底層的本質是萬變不離其宗。在實際中注意四大關鍵要點；

找到高密度流量池和流量池出入口作為引流據點

你的客戶高度聚集在哪裡？聚集在那裡都是在幹什麼？客戶是從哪裡進去的，最後又是從哪裡出來的？流量池的入口和出口的位置流量最大，比如：超市收銀臺附近為什麼是商家爭奪的重點位置，地鐵和火車站的進口和出口等，出口和入口都是客戶必經之路，流量最大。

從客戶不在乎的小錢和小事切入引流

不在乎的小錢，顧客嘗試成本低，顧客參與的積極性會高很多，低客單價商品轉化率相對高客單價的商品也更容易轉化。全亞洲每人拿出

1 塊錢，就是 45 億的價值，蒼蠅蚊子都有肉，積沙成塔。

多通路引流，多場景立體連結，有人的地方就有生意

遇見一個人，交一個朋友；多一個朋友，累積一個客戶，未來就可能會產生一次生意。

養流

養流就是從狩獵模式到農耕模式，過去水槽豐富，可以跑馬圈地，現在你突然發現空白的領地很少了，產業競爭進入存量競爭時代，而且打獵的成本越來越高，這就需要採用養流模式，把打來的獵物養起來，養大了產生更多的價值。而不是過去模式攪動腦汁，窮盡所能把顧客誆進來割韭菜變現，眼下你拔了顧客一根毛，他飛走了，你卻失去了吃肉啃骨頭的機會，這就是我提出來養流的意義。養流就是不著急賺小錢，慢慢養大了持續賺錢。

據統計 300 位忠誠使用者足以養活一個小公司吃喝不愁；500 個客戶可以養活一個中型公司不倒閉。

因為你把顧客服務好，建立了信任關係，今年你可以賣車給他，後年你賣房給他，大後年幫他設計裝修，順便賣家具給他，等他有了孩子開始推薦幼稚園，各種培訓機構，最後再賣房給他的下一代，進入下一個循環。人與人之間一旦有了信任關係，你可以圍繞一個羊，不停的剪羊毛。畢竟每個人都有很多硬性需求，有了這種硬性需求，去哪裡都需要付錢，想想還是找個信得過的人吧。這就是把一些高品質的客流養起來，透過不斷的深化客戶關係，持續延伸新價值。

養流的本質就是建立信任，有了信任基礎才可能有變現的機會。

轉流：轉流也可以理解為變現或流量轉化；轉流成功的前提條件是信任加實惠兩個條件同時具備就更容易轉化成交。

轉流設計的五大原則

互惠原則：現在購買更優惠，優惠期過了就更貴，透過優惠促進購買。

稀缺原則：設定條件來製造稀缺性，如：限時購買和限量購買，過了這個村就沒有這個店了。

權威原則：突出更專業，值得信任，最好有權威背書。

興趣原則：人對自己感興趣的東西會產生個人獨有的偏好，根據個人興趣，投其所好。

承諾原則：找到對方可能存在的顧慮，給予承諾保證，透過承諾給顧客一個定心丸，來消除客戶顧慮。

回流

回流顧名思義就是讓顧客二次回頭購買，至少產生一次回購，很多產業如果沒有二次回購基本都是不賺錢的，前面我已經說了，現在引流的成本太高了，很多商家就是等著顧客二次回頭時，才可能有賺錢的機會。既然回頭這麼重要，如何才能讓顧客二次回頭呢？我這裡有幾種方法供大家參考。

回流：靠價值感吸引顧客

讓客戶二次回頭有一個邏輯先搞清楚，顧客購買一個商品時，他購買的不是商品本身的價值，而是價值感或他自己認為的價值。顧客在購買產品時不是圖便宜，而感覺自己占了便宜。認為自己占了便宜，他的滿意度才會超出預期。

喜歡健身的年輕人很多人都去過健身房，健身房傳統的盈利模式就是健身教練拉會員，每個健身教練都是銷售員，而且有業績目標，每個健身教練每個月必須拉多少會員才能拿獎金，所以健身教練主要精力不

是放在如何把教練課上好，而是如何拉到會員。只要加入會員，至於你來不來健身，那是你的事，反正錢我是先收了。有些老闆心裡想你最好不要來，還幫健身房節約水電費。如果按照這種模式經營健身房，大家想一想第二年顧客還會續約嗎？道理想想都明白，事情做起來就不是那麼回事。有一家健身房，他的做法就很有特別，他們發現讓教練推銷，教練心理是抗拒的，心裡很不爽。他們做了幾個關鍵動作：

首先他選擇一流地段，二流位置。一流地段人流大，二流位置租金相對便宜。

他們不綁整年約，只綁單月約，費用便宜，更容易推銷。

他們不強制健身教練推銷，但是要求教練一定要把健身課上好，用專業把客戶服務好。透過健身課真正幫到顧客達到預期的效果。顧客感受到了價值他們就會續約。如果教練自己也想推銷，拉進來的會員，教練可以抽佣，這樣教練推銷的主動性就會被激發出來。結果三招下去，三個月損益平衡，第4個月就開始賺錢，後續累積了很多會員，會員滿意度很高，就會推薦新會員，健身房就靠老會員介紹新會員和老會員的反覆續約，健身房的盈利問題就解決了。推銷費用和拉新客戶費用就大大降低了。

回流：為下次消費埋錨

為下次消費埋錨，一般餐飲店把這招發揮的淋漓盡致，我原來公司附近有家餐廳，每次去吃飯，結帳時餐廳都會送你一張兌換券，而且這種兌換券可以直接贈送一道餐點，而不是抵扣金額或打折，直接送餐就會讓顧客感覺這個餐已經是自己的了，如果你不去就虧大了。所以為了自己的這個餐一定要去吃，去了發現一道餐點不夠吃，還必須加個菜和湯，只要你加點，哪怕是青菜，餐廳就賺了。最後結帳時又送一道餐點，循環往復無窮盡也。

第四章　行銷策略

回流：讓顧客感動

　　設計一個驚豔的顧客感動點感動顧客；人一旦被感動就會產生忠誠度，感動點的設計是非常講究技巧的。一般是放在結束位置，顧客在結束的時候是最容易被感動的，也最容易給顧客留下一個好的印象，我經常說：一個好的結尾就等於全程的美好。全程做的再好，最後結束時一沒有做好，就等於全盤皆輸。

　　我曾在一家豆漿店吃早點，豆漿喝完我發現豆漿碗底下有一行小字：為你磨盡一生，我頓時被驚豔了，覺得老闆非常用心，雖然豆漿口感很一般，最後我還是又加了一碗。

　　錯誤超預期補償感動顧客；很多企業老闆整天擔心顧客投訴，其實我覺得顧客出現不滿或投訴，正是你感動顧客的機會，你去想想顧客為什麼投訴你，無非是覺得你哪裡做的讓他不爽了，想發洩一下情緒而已，根據過去對消費者的研究發現顧客投訴很多無非是想發洩一下情緒而已，找一下當上帝的存在感，他內心並沒有太高的要求，更不存在敲詐勒索意思。你給他一點心理補償就能擺平，這個心理補償包括說點好話，給點好處，搞不好他就成了忠誠的客戶，甚至成為不打不相識的朋友。

　　我曾經和幾個朋友去海底撈吃飯，我朋友點的菜，由於那天是週末，人十分多，我們等了很久，最後還給我們上錯菜，我那個朋友頓時有點小激動，店員馬上就表示了誠意，大概15分鐘後又重新給我們上了一份，上面用番茄醬寫著「對不起」三個大字。還說這份，免費！我朋友頓時為自己剛才激動的情緒顯得很尷尬，內心裡感覺過意不去，第二天又拉著我吃一頓海底撈。

　　現在很多企業面對投訴的時候，公關處理顯得特別無知，我遇到過

有些企業甚至與顧客爭執、解釋推諉，本來沒什麼事最後非要自己鬧大，他們沒有把顧客抱怨當作感動顧客的機會，顧客非但沒有二次回頭，還變成了反目成仇。

裂變

　　裂變顧名思義就是快速增加 使用者，一生二，二生三，三生萬物道具思想，很多人都想做裂變，都是停留在有想法，沒方法的層面。在裂變方法上我做諮商經常用到的方法就是老帶新，讓顧客帶新顧客過來，假如一個老顧客帶三個新顧客，是不是就放大了三倍的效應。

　　老帶新有個關鍵點，就是老顧客帶來新顧客要對老顧客給予適當的獎勵，來激發他的積極性。我過去做農產品專案時對顧客說，你們一個人買就是原價，如果你們三個人以上過來買，可以享受會員價，會員價優惠的多。有些老太太就會把左鄰右舍喊過來一起購買。按現代的零售模式就是團購。最終顧客獲得了優惠，商家獲得更多的流量，達成雙贏效果。

組織管理才是熱門商品成功保障

1. 熱門商品打造是重點工程

　　熱門商品開發公司董事長、總經理、行銷總監必須親自參與工作，最好作為專案負責人親自主導熱門商品工作，同時還要給予產品經理極大的支持和授權。因為熱門商品的成功會涉及公司內外部多個環節，任何一個環節出現矛盾會影響熱門商品順利推進，而且有些資源產品經理權限和影響力不夠，所以領導者參與進來能夠快速調配資源，推進熱門

商品進度。有幾項重大事項總經理必須參與決策：

品類選擇：熱門商品品類選擇往往是成功的第一步，品類是方向，一旦品類方向不對，一切努力都是白費。品類選擇總經理、行銷總監必須親自參與討論決策。

使用者痛點：使用者痛點的挖掘往往需要豐富的實戰經驗，痛點是熱門商品開發的起點，尤其是對一級痛點的抓取，必須有領導者參與論證，最大達成共識。

產品賣點：產品賣點決定產品上市後推廣效率，甚至說能不能推廣成功，這個賣點是否能夠被市場所接受，都需要嚴格的論證，有時候產品有很多優點，到底選擇哪個優點當作核心賣點，這個是需要多輪討論的，賣點在於精準，不在於多，在市場上你會發現很多產品的品質都不錯，但是一直不見大賣，究其核心原因是賣點沒有找對，按照廣告學原理優點越多等於沒有優點。

競爭對象：確定競爭的對手，也就是找到你在市場上 PK 的對手，與拳擊競技場一樣，你選擇的 PK 對象一定要是同一個量級上才有意義，比自己體重大的對手，你打不動，體重太小的對手即便成功了，他們讓出來的市場占有率很小，也沒有意義。就像在森林裡你踩死一隻螞蟻，你能獲得多大的領地呢。確立競爭 PK 對手也是一項非常重要的工程。

行銷爆點：行銷爆點決定產品能否快速爆紅，網際網路時代產品爆紅一定是短平快的模式，無法拿時間去換空間，一款新品快速爆紅了，就能夠在市場中站住腳。不同過去傳統的打法，培育一個新品熬上 10 年慢慢加碼。網際網路的打法就是找準引爆點，短時間內集中投入資源，快速把水燒開，而不是慢慢加碼。如果引爆點都沒有找準，押上所有的資源也有可能是一條不歸路。

2. 熱門商品定期回顧大會

　　我管理產品線時一般都會半年,至少一年都會對產品線做個回顧,我做諮商時也建議我的客戶每年都要做一次熱門商品回顧工作。透過熱門商品回顧知道哪些產品銷售走向,哪些產品需要加碼,哪些產品需要優化,哪些產品已經老化可能需要更新或淘汰。根據當下的市場需求決定下一步需要開發哪些新的熱門商品等,然後形成書面文字和產品作戰計畫,每個人心裡都非常清楚,真正做到指哪裡打哪裡,而不是腳踩西瓜皮,到處盲打,最後成敗聽天由命。

3. 熱門商品供應鏈管理

　　熱門商品成敗供應鏈管理非常重要,其實熱門商品能不能成功核心環節就兩個,前端市場需求是不是很精準,後面就是供應鏈管理,內部研產銷購以及外部的產業鏈協同,最終做出來的熱門商品能不能滿足市場需求,能不能做到快速響應市場需求,這個就是對產品供應鏈的最大考驗。關於供應鏈管理是涉及很多重要部門來協同完成的。比如研發部門、製造部門、採購部門、物流部門、職能服務部門等。

　　研發部門:研發部門能不能根據市場需求,在成本可控的範圍內透過技術創新做出高性價比的產品,這個是對研發部門提出來的極大考驗,當下很多企業的研發部門都缺乏極致思維,他們往往追求做出產品,而不是追求做很好的產品,做好與做出來是有很大區別的,把產品做出來就是產品有模有樣即可,做出好產品是要下苦功的,就像小米創辦人雷軍所說的那樣,要逼瘋自己,逼死對手的態度,帶著使命感來完成這項任務,硬碰硬到底。

第四章　行銷策略

　　製造部門：製造部門能不能透過生產管理技術或精益製造的方法來提高生產管理效益，或者研發部門解決不了的難題，在製造環節能不能解決它，如何透過精益製造提升產品品質或在確保品質的前提下有效的降低成本，這些都是對生產製造提出的新命題，我接觸過很多製造企業，很多廠長還是傳統思維，每天只是按照研發部交付的製造工藝流程安排生產訂單，開始生產，交付產品，很少去關注這些工藝流程還有沒有改進的空間，其實對研發人員來說他們實驗室做出來的小規模產品與批次生產還是存在很大差異的，這就需要研發、生產部門更好的高效協同，提供供應鏈合作效率。柔性生產管理這也是對生產部門的新挑戰，柔性生產能夠更好的提升供應鏈的競爭力，配合熱門商品交付。

　　還有採購部門、財務部門、人力資源等各職能部門的高效協同，看起來熱門商品好像是研發和業務部門的事，與財務、人力資源部門等職能部門關係不大，其實這個認知是有偏差的，尤其是在從 0 到 1 階段尤其重要，人力資源要配合找到合適的人才，做熱門商品一定不是剛畢業的新鮮人能完成的事，人才培養至關重要。還有採購和財務部門也是經常推諉塞責。

　　我曾經歷過一次奇葩的熱門商品專案，要求開發一款新產品並計劃藉助春節銷售旺季上市，臨近春節的時候發現倉庫還沒有備貨，銷售人員像熱鍋裡的螞蟻急的團團轉，因為產品生產出來，鋪貨還需要時間。我就陪同業務部負責人找生產部門負責人詢問情況。訂單下來那麼久為什麼不安排生產。廠長說有兩種原材料採購部沒有採購回來，我們又跑到採購部，採購部說財務沒有付款，供應商不發貨。又跑去問財務，財務說：貨款沒有回來，財務沒有現金支付採購款。最後又回到業務部門，反正各部門相互扯了半天，時間不等人啊，最後原本可以在 10 個通路銷售，最後因為時間來不及只選擇了 3 個通路銷售。看起來好像只耽擱了十幾天時間，但是因為這十幾天時間的耽擱需要再等一年，好端端的熱

門商品就被活活的拖死。

我還遇到過一個產品，企業自己生產成本很高，不僅成本高而且還說沒利潤。最後業務部很無奈就在外面找工廠貼牌生產，發現成本可以下降 20%，20% 貼牌的工廠還有利潤。一模一樣的產品利潤相差 20%，如果這兩個產品在市場上交鋒時怎麼可能有勝出的機會。

所以我一直反覆強調供應鏈管理對熱門商品成功的重要性，一定要是全公司每個部門上下一條心，才能形成高效的協同，有了協同才能提高熱門商品的競爭力。

4. 啟動組織內部競爭機制和批判機制

啟動內部競爭機制表面上看起來好像是一種資源浪費，其實能夠提高熱門商品成功率，透過內部 PK 機制，使團隊更加賣力。設計公司往往透過內部比稿來實現團隊競爭。

內部批判機制更是如此，能夠幫助企業規避產品風險，我曾提到過，人容易自戀，每個人都認為自己做的東西好，投放到市場上發現不是那麼一回事，但是為時已晚，已造成公司一定的損失。如果透過內部批判機制，先讓內部人相互挑毛病，讓產品缺陷提前暴露出來，提前改進、優化產品，後續就會省去很多麻煩。大家可以借鑑一下小米的模式，小米內部有一個機制叫「毒舌會」，產品做出來先召集內部員工體驗產品，然後以消費者的身分吐槽產品，找出產品的各種問題，後續進行點對點的優化、改進。毒舌會實作中有幾個關鍵點：

1. 只對產品提問題、挑毛病；對事不對人，千萬不能藉機對人發洩情緒。

2. 產品負責人要有包容心和感恩心,虛心接受,不能出現別人說自己做的產品不好心裡就不爽,一定要認知別人提意見是在幫助自己改進,而不是找碴。我過去親眼目睹過品控人員提供意見給研發人員,雙方爭論很激烈,這場爭論最後在研發人員心中留下了陰影。
3. 吐槽後也要給些改進意見,只是需要先吐槽再給改進意見,如果意見被採納,要對提建議的人進行獎勵,小小的獎勵有利於鼓勵大家積極參與毒舌會。

5. 大數據賦能熱門商品

未來大數據對打造熱門商品賦能作用不可估量,過去我們打造熱門商品都是基於經驗判斷,在產品稀缺年代判斷錯了行銷影響也不大,只要有產品基本上都可以賣掉,只是利潤多少而已。現在產品同質化嚴重,各個產業競爭都很激烈,而且 90 世代成為消費主力,他們的專業水準在提升,對產品整體品質也有了更高的要求。在這商業環境下產品負責人必須以更專業的水準做產品,真的需要追求極致。網際網路的發展為產品創新提供了工具,透過大數據賦能幫助我們更快速、更精準的做出決策,告別過去憑感覺的模式。現在做產品無論是找競品數據、還是產業數據都容易找到。而且利用數據更能夠促進產品快速疊代更新。

我們現在推出一款新熱門商品的做法,先在電商平臺上銷售,然後統計電商銷售數據和使用者評價數據,根據這些數據來評估新品後續的爆發力,看客戶回饋意見找到產品存在的缺陷,進行二次優化。快速優化完再做測試,根據回饋訊息再做判斷,然後再往線下通路投放,有了線上的銷售數據作為判斷依據就可以放心的線上下銷售。線上與線下相

比，線下的風險會更大，因為線下銷售半徑、時間週期都會遠遠大於線上，一旦出現產品問題來不及處理，線下通路會造成公司更大的損失，現在有了大數據賦能就解決了這個問題，大數據帶來的優勢在過去是無法比擬的。

做熱門商品一定要學會利用大數據，透過數據分析做出更客觀的判斷。了解自己的產品在市場上的銷售情況，及時掌握市場資訊，在缺乏數據的年代只能靠兩條路跑出去。現在有了大數據坐在辦公室就能決勝於千里之外的市場，這就是大數據帶來的價值。

6. 團隊軟實力才是核心能力

過去企業經常強調能力，能力到底是什麼？我的理解能力是一種看得見的技能，根據冰山模型其實看不見的軟實力往往比看得見的能力更重要。就是因為軟實力不容易被看到，所以不容易學習和模仿。根據我個人管理產品的經驗和對產品經理的研究，我總結出做出彩的熱門商品需要具備哪些軟實力，我歸納出深度洞察力、系統思考力、結構化表達力、資源整合力、持續的學習力五大軟實力，缺一不可。

深度洞察力

深度洞察力就是一眼看到底的能力，一個人看問題的深度決定你解決問題的速度，很多人不知道洞察力是分層次的，一般分為三個層次：第一層叫看到；即是看到呈現的現象或表現，看到只能證明你視力正常。第二層叫看懂；搞清楚現象背後的內在邏輯。第三層叫看透；看透是能夠看清楚隱藏在邏輯背後的本質，能夠看透本質的人才是真正的高手。

第四章　行銷策略

系統思考力

　　系統思考力的本質是你根據眼睛看到、耳朵聽到的，所引發的思考、啟發。系統思考力就是做產品的人大腦裡要有個邏輯樹，這個邏輯樹就是點、線、面的關係。我們把看到的一切事物當作思考問題的一個起點或一個入口，而不是問題的終點，應該基於這個入口去層層遞進的思考、探求本質，有些人會把看到的一切當成起點，也當成終點，為什麼他當成終點呢，他覺得他看到的就是事實真相，不再思考問題深處的本質，就停留在那個點上結束了。

　　系統思維同樣是有層級的，有高度、有維度、有深度、有邏輯度。有高度就是指要有頂層設計的思維，站的高看得更遠。有維度是指有橫向思維，從不同的維度來分析問題，看看有沒有共性或得出不同的結論，多維度的求證問題。有深度就是指不能停留在問題表面就下結論，凡事往深處想一想。有邏輯度就是指每個問題或關鍵要素之間都是有相關性的，要分析每個要素之間是如何影響結果發生的，各要素之間是如何相互影響的，找到內在的邏輯關係，最終確定最底層的驅動要素作為解決問題的第一入手點。比如我們看到使用者購物，這些購物行為是一種現象，我們透過思考推理到二級邏輯挖掘他的需求，基於需求我們再思考這些需求是由什麼因素引起的，就回歸到使用者痛點上，那麼基於痛點再去分析，痛點是怎麼來的？痛點產生的場景在哪裡？層層遞進剖析，最終找到問題產生的起點，看到本質，然後去設計產品就更容易成功。有人會問做產品的高手是如何思考問題的，是如何做到層層遞進的挖掘需求的。我管理產品十年也有一些自己的心得，可以拿來與讀者分享，希望能夠帶給讀者一些啟發。我把他定義為九層思考力模型，九層思考力模型本身就是一種思維方式。

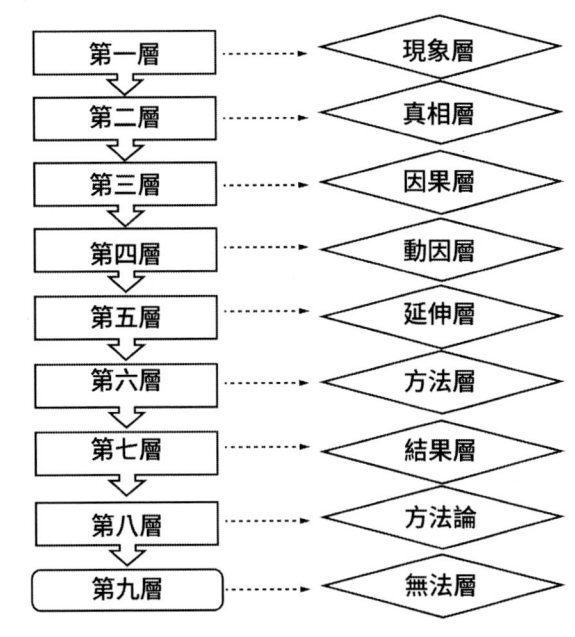

九層思考力模型

第一層	現象層
第二層	真相層
第三層	因果層
第四層	動因層
第五層	延伸層
第六層	方法層
第七層	結果層
第八層	方法論
第九層	無法層

九層思考力是我做產品創新領域經常用到的一種思維方式，這種方法的價值就是幫助產品管理者找到問題的本質。我對這個思考力模型做個簡單的解析。

現象層

現象層就是你用眼睛所看到的事物最直觀的表現形式，大小、多少、顏色、形態等，能夠直接感知到的事物統稱現象。現象層是最容易感知到的要素，但是也是最不穩定的要素。所以我們在做市場研究時不能只停留在現象層面。

真相層

透過現象回到事實層面了解真相，拷問自己你所看到的是事實真相嗎？

第四章　行銷策略

因果層

基於真相去探求真相背後的原因，真實是果，到底是什麼原因產生的這個結果，就需要探究原因。

動因層

動因層是找到原因背後驅動要素，也可以理解為問題背後的問題，我把他稱為動因。

延伸層

探究這個結果對未來可能會造成什麼影響，問題本身不重要，重要的是他可能產生的影響，事情自身的價值不重要，而是它對外界的影響力才是需要重視的因素，就好像風力，12級以上的颱風的影響力遠遠大於3級風的影響力，所以12級以上的颱風才會引起更大的重視。

方法層

基於對外部的影響力，我們得出方法或解決方案，這個層面叫方法層。

結果層

結果層是指這個方法實施下去可能會產生什麼結果，好的結果，還是壞的結果，也就是對結果有個預判。

方法論層

方法與方法論的區別在於，方法更具體，但是方法的局限性更大，方法論更具有廣泛性，通用性更強。方法論的來源是根據方法所產生的結果為判斷依據，如果結果是好的就把這種方法進行提煉、結構化，形成一套可以傳授的方法論，供他人學習或借鑑，這就是方法論。

無法層

無法層是一個技藝所達到的最高境界,就是迷蹤拳講究的法無定法。法無定法並不是沒有方法,而是掌握了各種方法,而且能夠把各種方法融合在一起靈活運用。看似無法其實把各種方法已經滲透到骨髓,靈活運用到最高境界。

這種思考力結構不是每個人都能達到,作為產品管理者來說至少你要達到第六層的方法層,掌握一套做產品的方法,能夠靈活運用。

結構化表達力

對於產品人來說,事情理得清,說得明非常重要,我接觸過很多做產品的產品經理,整天想法很好,產品做的也不錯,但是一到新品發布會的時候,他往臺上一站就渾身發顫,拿著稿子念都念不流利,對於做產品的人可能會與企業內部各個部門、外部相關者多方面的溝通協調,如果溝通表達能力有障礙也是一個很大的劣勢。有些人可能是理工男,邏輯思維很嚴謹,就是在關鍵時刻表達能力跟不上節奏。縱觀各個領域的創業者、企業家,哪一個不是演講高手。馬雲、賈伯斯這種大老就更不用提了。

執行力

執行力的重要性在各個職位都是做事的基本保障,方案再完美最終還是需要人去執行,研究發現企業經營活動沒有達到預期,很多都是在執行力方面打了折扣。這裡的執行力是整個團隊的執行力,上面我們提出專案化管理,每一項工作都有具體的時間節點,到專案進行時你會發現有很多部門拖後腿,研發說初始產品無法按時交付,因為找不到更科學的方法解決問題,然後一堆理由。採購部也說這類原材料比較難找,自己已經盡力了。業務部門也會找出五花八門的理由來解釋產品推滯的

原因。所以馬雲曾說寧願要一流執行，三流的計畫，也不要一流的計畫，三流的執行力。再好的計畫執行不好，一流的計畫也是空話。

學習力

網際網路快速變化的時代，學習力才是核心競爭力，當下商業環境每天都在發生很多變化，只有靠不斷學習充電，才能保持與時俱進。我曾看過一個報導：資工系的大學生，到了大三回頭一看發現大一學的知識已經淘汰一半了。

資源整合力

資源整合力包括企業內部資源的協調能力，和外部資源的整合能力。在資源稀缺時代創造自己的能力非常重要，整個產業鏈上下游每一個環節都需要自己來，建造工廠，安排生產，形成內部資源協同來確保企業的良性循環。現在是每個領域都出現不同程度的資源過剩，你想要的資源基本上都能透過整合的方式快速獲得，透過資源整合的方式獲得的效果可能成本更低，效率更高，尤其網際網路時代讓資訊更加透明化，產品經理整合資源的能力變得尤其重要。

附錄一：商品開發立案報告

申請部門		產品名稱	
產品規格		包裝形式	
市場調查分析結論	行業調查分析結論：		
	消費者需求調查結論：		
	競品調查結論：		
	企業自身分析結論：		
	市場調查的綜合結論：		
市場定位			
品類定位			
產品定位			
通路定位			
價格定位	定價體系：		
	產品利潤率和通路利潤率測算		
產品價值與賣點定位			
產品創新點			
產品屬性標準	產品屬性標準包括：產品形態、規格、材料、國家標準等		
預計上市時間			
新品銷量預估			
審核意見			

附錄一:商品開發立案報告

附錄二：商品開發管理專案書

熱門商品開發管理專案書（範本）

一、項目名稱與項目部門					
1	項目名稱				
2	製作人		製作日期		
3	項目經理				
4	項目主要成員	項目策劃組	組長：		組員：
		市場調查組	組長：		組員：
		包裝設計組	組長：		組員：
		技術研發組	組長：		組員：
		生產組	組長：		組員：
		物流營運組	組長：		組員：
		品質控制組	組長：		組員：
		成本核算組	組長：		組員：
		採購組	組長：		組員：
		新品銷售組	組長：		組員：
5	成員工作職責	項目經理：			
		策劃組長：			
		調查組長：			
		設計組長：			
		研發組長：			
		生產組長：			
		物流組長：			
		品控組長：			
		成本組長：			
		採購組長：			
		銷售組長：			

附錄二：商品開發管理專案書

	6	追蹤考核人	
	7	實施地點	
	8	實施單位	
	9	簽核人	
二、產品開發目的			
實施目的：			
三、里程碑事項進度控制表			
關鍵事項進度表：			
四、市場環境分析（SWOT 分析）			
	1	行業分析	
	2	競品分析	
	3	自身分析	
	4	消費者分析	
	5	分析結論	
五、產品策略制定			
	1	新品開發策略	
	2	新品創意思路	
	3	品類定位	
	4	市場定位	
	5	品牌定位	
	6	產品定位	
	7	利益點定位	
	8	賣點創新	
	9	定價策略	
	10	通路策略	
	11	推廣策略	
六、產品基本屬性標準			
	1	產品名稱	
	2	產品形態標準	
	3	產品規格	
	4	內外包裝形式	
	5	儲藏 與運輸條件	

七、產品基本技術標準			
	1	產品標準依據	
	2	產品行業標準	
	3	設備設施籌備	
	4	原物料要求	
	5	技術與工藝流程	
八、新品開發費用預算			
	1	市場調查費	
	2	新設備採購費	
	3	檢測費	
	4	人員獎勵費	
	5	其他費用	
	6	預算費用合計	
	7	投入產出比	
	8	預算說明	
九、新品開發上市關鍵里程碑							
---	---	---	---	---	---	---	---
序號	階段名稱	關鍵工作事項	執行標準與交付成果	完成日期	責任人	批准人
1	準備階段	市場調查分析				
		產品策略制定				
		產品基本資訊和技術參數提供				
		設備採購				
		產品樣本試製				
		上市前綜合評估				
		產品上市策略制定				
2	產品優化	銷售追蹤與優化				

附錄二：商品開發管理專案書

十、項目開發主要風險預估及保障措施		
1		
十一、項目合約及資金審核權限及流程		
1	項目合約/費用審核權限與流程	
2	項目考核與審核權限與流程	
十二、立案書會簽單		
項目經理申請		
項目成員會簽	項目負責人： 行銷部： 研發部： 生產部： 採購部： 其他協同部門：	
主管審核：		

附錄三：商品上市策略

熱門商品上市策略（範本）

一、新品上市背景：	六、區域市場
二、產品基本描述：	1, 試銷市場
三、產品策略：	2. 策略市場
1. 產品開發策略及產品理念：	3. 利基市場
2. 產品（屬性）定位：	七、通路策略：
3. 產品核心價值定位	1. 核心通路
4. 產品概念與 USP 賣點	2. 勢能通路
5. 產品組合策略定位：	3. 利潤通路
四、市場策略：	4. 策略性通路
1. 消費客群定位：	八、推廣策略：
2. 需求定位	1. 通路推廣
3. 消費模式定位	2. 用戶主題推廣
4. 消費場景定位	九、傳播策略：
五、價格策略：	1. 傳播主題
1. 定價策略：	2. 傳播通路（線上和線下）
2. 價格體系：	3. 傳播典範

附錄二:商品開發管理專案書

十、行銷目標

十一、**費用預算與費用歸屬**

　　1. 通路費用

　　2. 消費者活動費用

　　3. 廣告費用

十二、**產品上市日曆**

致謝

　　熱門商品法則也是我十多年的產品管理實踐和管理諮商實踐的結晶。能夠完成本書的寫作首先應該感謝我的妻子羅紅勤，在我從事寫作過程中她默默承擔了一切家庭責任，如果沒有我妻子的理解和支持也許我無法如期完成本書的寫作。寫作期間還應該感謝我的姐姐尹永連對我的支持和幫助。

　　本書中引用了大量案例，這些案例大多數都是源自我曾經工作的地方和從事管理諮商過程中的案例累積。感謝主管們能夠給我提供一個工作平臺，在職業經理的生涯中讓我累積了豐富的產品管理經驗。這些經驗和案例讓我能夠順利完成本書的寫作提供了豐富的素材。

尹 傑

從無到有打造熱銷商品，掌握產品設計的黃金法則：

從定位、定價到行銷，全方位提升產品競爭力與市場占有率

作　　　者：	尹傑
發 行 人：	黃振庭
出 版 者：	財經錢線文化事業有限公司
發 行 者：	財經錢線文化事業有限公司
E - m a i l ：	sonbookservice@gmail.com
粉 絲 頁：	https://www.facebook.com/sonbookss/
網　　　址：	https://sonbook.net/
地　　　址：	台北市中正區重慶南路一段 61 號 8 樓 8F., No.61, Sec. 1, Chongqing S. Rd., Zhongzheng Dist., Taipei City 100, Taiwan
電　　　話：	(02)2370-3310
傳　　　真：	(02)2388-1990
印　　　刷：	京峯數位服務有限公司
律師顧問：	廣華律師事務所 張珮琦律師

─版權聲明────

本書版權為文海容舟文化藝術有限公司所有授權財經錢線文化事業有限公司獨家發行電子書及繁體書繁體字版。若有其他相關權利及授權需求請與本公司聯繫。

未經書面許可，不得複製、發行。

定　　　價：350 元
發行日期：2024 年 09 月第一版
◎本書以 POD 印製
Design Assets from Freepik.com

國家圖書館出版品預行編目資料

從無到有打造熱銷商品，掌握產品設計的黃金法則：從定位、定價到行銷，全方位提升產品競爭力與市場占有率 / 尹傑 著 .-- 第一版 .-- 臺北市：財經錢線文化事業有限公司，2024.09
面；　公分
POD 版
ISBN 978-957-680-971-2(平裝)
1.CST: 商品管理 2.CST: 產品設計 3.CST: 行銷策略
496.1　　113012142

電子書購買

爽讀 APP　　臉書